쉽게 배워 바로 쓰는

공업역학

ENGINEERING MECHANICS

신금철 저

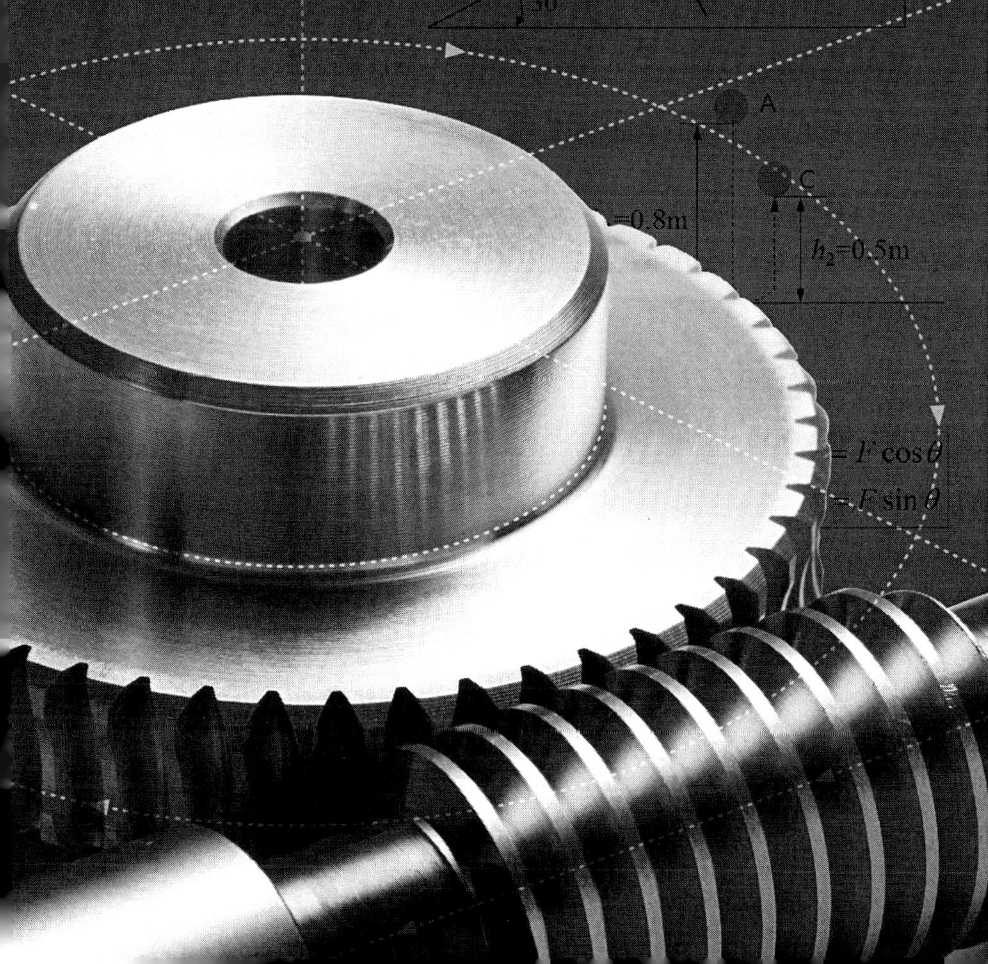

B.C.Info

머 리 말

공업역학은 기계공학도에게 필수적인 교과목으로, 이미 시중에 많은 교재가 출판되어있기 때문에 이 책에서 새롭게 쓸 내용이 없다고 생각합니다. 그러나 수학적 기초가 부족한 학생과 빠른 시간 안에 실무에 적용하는 데 관심이 있는 재직자들이 공업역학의 기본적인 개념을 습득하고 응용할 수 있도록 도와주는 서적은 거의 없는 상황이며, 혹 출판된 서적이 있다 하더라도 책에 수록된 내용이 많아 학습하기에 어렵고 시간이 많이 걸리는 단점이 있습니다. 필자는 이러한 상황에 안타까운 마음을 가지고 공업역학을 쉽게 학습할 수 있도록 본서를 저술하게 되었습니다.

본서는 기본적으로 수학의 아주 기초적인 수준만으로도 공업역학 문제를 해결할 수 있도록 구성되었습니다. 우선 1장에서는 대학교 이전 교과과정에서 배웠던 수학을 이해하지 못하였더라도 공업역학 문제 해결에 필요한 기초 수학을 쉽게 익힐 수 있도록 수학적 기초를 설명하였습니다. 2장~5장에서는 외부에서 힘이 가해지는 정지한 물체를 다루는 정역학 내용에 관해 서술하였고, 6장에서는 물체의 변위, 속도, 가속도를 다루는 운동학을 다루었으며, 7장에서는 진동 현상의 하나인 단진동을 설명하였습니다. 8장~10장에서는 운동 중인 물체에 대한 일반적인 동역학 문제를 다루었으며, 11장과 12장에서는 원운동의 동역학 문제를 서술하였습니다.

또한 본서에서는 각 장 서론에서 해당 장에서 배우는 내용의 필요성과 기초 개념을 간단히 설명한 뒤 일상생활 또는 기업 실무에서 발생하는 실제 사례를 소개하였습니다. 그런 다음에는 예제 문제와 연습 문제를 통해 해당 개념이 어떻게 적용될 수 있는지 학습자 스스로 응용할 수 있도록 하였습니다. 또한 각 장에서 다룬 예제나 연습문제는 개수를 최소화하되 문제풀이 과정은 매우 상세히 서술하여 학생들이 쉽게 이해할 수 있도록 하였습니다.

결과적으로 본서는 이론적, 수학적인 문제해결 과정은 최소화하면서 동시에 실무에 사용하기 좋은 내용을 담는 것이 목표입니다. 모쪼록 필자가 본서를 저술한 의도에 맞게 많은 학생들과 재직자들이 공업역학 문제를 쉽고 간편하게 해결하는 데 도움을 받을 수 있기를 바랍니다.

2020년 5월

저자 신금철 씀

차 례

3장 기본 개념과 정의 29

4장 구조물의 종류와 트러스 41

5장 분포력 문제 55

6장 운동학 67

7장 단진동 85

8장 운동의 법칙 93

12장 원운동의 동역학 147

1장

수학적 기초

1.1 기초 수학
1.2 삼각함수
1.3 미분과 적분
1.4 단위의 종류와 환산

1.1 기초 수학

1.1.1 분수 계산법

분모와 분자로 이루어진 분수(fraction)는 소수(decimal)로 표현할 수 있지만, 수학적 계산을 통해 간단하게 표현할 필요가 있다. 분수도 자연수 및 정수와 같이 사칙연산이 가능하며, 이에 대해 간단히 살펴보자.

□ 분수의 덧셈과 뺄셈 :

$$\frac{b}{a} \pm \frac{d}{c} = \frac{bc \pm ad}{ac} \qquad \text{(식 1–1)}$$

□ 계산 예 :

$$\frac{2}{3} + \frac{1}{2} = \frac{2\times2+1\times3}{3\times2} = \frac{4+3}{6} = \frac{7}{6}, \quad \frac{2}{3} - \frac{1}{2} = \frac{2\times2-1\times3}{3\times2} = \frac{4-3}{6} = \frac{1}{6}$$

□ 분수의 곱셈 :

$$\frac{b}{a} \times \frac{d}{c} = \frac{bd}{ac} \qquad \text{(식 1–2)}$$

□ 계산 예 :

$$\frac{2}{3} \times \frac{1}{2} = \frac{2\times1}{3\times2} = \frac{2}{6} = \frac{1}{3}$$

□ 분수의 나눗셈 :

$$\frac{b}{a} \div \frac{d}{c} = \frac{\frac{b}{a}}{\frac{d}{c}} = \frac{bc}{ad} \qquad \text{(식 1–3)}$$

□ 계산 예 :

$$\frac{2}{3} \div \frac{1}{2} = \frac{\frac{2}{3}}{\frac{1}{2}} = \frac{2\times2}{3\times1} = \frac{4}{3}$$

여기서 a, b, c, d는 자연수 또는 정수이다.

1.1.2 등식 계산법

숫자와 문자로 식을 표현하고 등호로 수식을 연결하여 나타낸 것을 등식이라 하며, 항등식과 방정식이 이에 해당한다. 공학 문제를 해결하는 과정에서 간단한 등식 계산법을 통하여 우리가 필요로 하는 결과값을 얻어야 하는 경우가 많으므로 이에 대하여 간단히 살펴보고자 한다.

먼저 가장 간단한 등식 계산법을 살펴보기 위해 a, b는 자연수 또는 정수(단, a는 0이 아님)라고 할 때, 우리가 알지 못하는 숫자 x를 구하기 위해서는 아래와 같은 계산 과정을 따르면 된다.

$$ax = b \rightarrow x = \frac{b}{a} \qquad \text{(식 1-4)}$$

□ 계산 예:

$$3x = 9 \rightarrow x = \frac{9}{3} = 3$$

항등식의 경우 간단한 계산 과정을 살펴보기 위하여 a, b, c, d는 숫자 또는 문자라고 하고 아래와 같은 계산 과정을 따르면 된다.

$$\frac{b}{a} = \frac{d}{c} \rightarrow ad = bc \qquad \text{(식 1-5)}$$

계산 예 :

$$\frac{x}{6} = \frac{1}{3} \rightarrow 6 \times 1 = x \times 3 \rightarrow 3x = 6 \rightarrow x = \frac{6}{3} = 2$$

1.1.3 연립 방정식

간단한 방정식의 경우 미지수가 1개이지만, 실제 기업 현장에서 또는 공학적인 문제를 다루다 보면 모르는 미지수가 2개 이상인 경우가 발생하기도 한다. 이때 2개 이상의 모르는 미지수를 계산하는 방법은 연립 방정식을 푸는 것이다. 아래는 2개의 미지수가 있을 때 연립 방정식을 계산하는 과정을 설명하고 있다.

□ 2원 1차 연립 방정식 계산 과정:

$$\begin{matrix} ax + by = c \\ dx + ey = f \end{matrix} \rightarrow \begin{matrix} adx + bdy = cd \\ adx + aey = af \end{matrix} \rightarrow (bd - ae)x = cd - af \rightarrow x = \frac{cd - af}{bd - ae} \qquad \text{(식 1-6)}$$

미지수 x를 구한 다음에는 원래의 식에 x를 대입하여 나머지 미지수 y를 구하면 된다.

□ 계산 예 :

$$\begin{matrix} 2x+3y=8 & \rightarrow & 2\times 3x+3\times 3y=8\times 3 & \rightarrow & 6x+9y=24 \\ 3x+2y=7 & & 2\times 3x+2\times 2y=2\times 7 & & 6x+4y=14 \end{matrix}$$

위의 식에서 아래 식을 빼고 나머지는 정리하면,

$$5y=10 \rightarrow y=\frac{10}{5}=2$$

y를 구하고 난 다음에는 처음 두 식 중 하나에 y값을 대입하면,

$$2x+3\times 2=8 \rightarrow 2x+6=8 \rightarrow 2x=8-6 \rightarrow 2x=2 \rightarrow x=1$$

위와 같이 나머지 미지수 x도 구하여 처음 알지 못했던 미지수 2개를 모두 구할 수 있다.

1.1.4 지수 계산법

공학 문제를 다루다보면 지수 문제를 해결해야 하는 상황이 발생한다. 예를 들어 단위 환산을 할 때나 면적을 구할 때 지수 문제를 만나게 되는데, 이 문제를 해결하기 위한 수학적 해결 방법을 살펴보도록 하자.

□ 지수의 밑이 동일할 때 곱셈 :

$$x^a \times x^b = x^a x^b = x^{a+b} \qquad \text{(식 1–7)}$$

□ 계산 예 :

$$1000\times 100 = 10^3 \times 10^2 = 10^{3+2} = 10^5$$

□ 지수의 밑이 동일할 때 나눗셈 :

$$x^a \div x^b = \frac{x^a}{x^b} = x^{a-b} \qquad \text{(식 1–8)}$$

□ 계산 예 :

$1000 \div 100 = 10^3 \div 10^2 = 10^{3-2} = 10^1 = 10$

□ 복잡한 지수계산 :

$(x^a y^b)^c = x^{ac} y^{bc}$ (식 1-9)

□ 계산 예 :

$(x^2 y^3)^4 = x^{2\times4} y^{3\times4} = x^8 y^{12}$

□ 계산 예 :

$(9\times1000)^2 = (3^2\times10^3)^2 = 3^{2\times2}\times10^{3\times2} = 3^4\times10^6 = 81\times10^6$

1.1.5 도형의 면적

도형의 면적을 구하는 문제는 아주 오래 전부터 중요하게 다루어져 왔다. 자신이 소유한 땅의 크기를 재거나 집의 크기를 표시하는 등 도형의 면적을 계산하는 문제는 공학적 계산에서 자주 부딪히는 문제이다. 실제 기업 현장에서 만나는 도형의 대부분은 기본 도형으로서 직사각형, 삼각형, 원과 같은 것이며, 이 도형들의 계산 방법은 공학적 문제를 해결할 때 중요한 것이므로 여기에서 간단하게 다루도록 한다.

□ 직사각형 면적 : 가로 길이 a, 세로 길이 b

$A = a\times b = ab$ (식 1-10)

□ 계산 예 : 가로 길이 6mm, 세로 길이 3mm인 직사각형의 면적 계산

$A = 0.006\times0.003 = 6\times10^{-3}\times3\times10^{-3} = 6\times3\times10^{-3-3} = 18\times10^{-6}(\mathrm{m}^2)$

□ 삼각형 면적 : 밑변의 길이 a, 높이 h

$A = \frac{1}{2}\times a\times h = \frac{1}{2}ah$ (식 1-11)

□ 계산 예 : 밑변의 길이 6cm, 높이 3cm인 삼각형의 면적 계산

$A = \frac{1}{2}\times0.06\times0.03 = \frac{1}{2}\times6\times10^{-2}\times3\times10^{-2} = \frac{1}{2}\times6\times3\times10^{-4} = 0.9\times10^{-3}(\mathrm{m}^2)$

□ 원 면적 : 반지름 r 이고 지름 d(=2r)인 원

$$A = \pi r^2 = \frac{\pi}{4}d^2 \qquad \text{(식 1-12)}$$

□ 계산 예 : 직경이 10cm인 원의 면적 계산

$$A = \frac{\pi}{4}\times 0.1^2 = 0.0078539... = 0.00785 = 7.85\times 10^{-3}(\mathrm{m}^2)$$

1.2 삼각함수

1.2.1 피타고라스의 정리

고대 이집트에서는 나일 강 주변에 농지를 소유한 사람들이 나일 강이 범람한 후 자신의 땅을 다시 확보하기 위해 도형의 면적을 계산하는 방법을 매우 오래 전부터 알고 있었다. 고대 이집트와 메소포타미아 지역에 살았던 사람들이 땅의 면적 계산에 사용한 수학적 방법이 피타고라스의 정리로, 이는 다양한 공학적 접근 방법에서 사용할 수 있으므로 이에 대해 살펴보도록 하자.

□ 피타고라스의 정리 : 직각삼각형의 빗변의 길이 c, 밑변의 길이 a, 높이 b

$$c^2 = a^2 + b^2 \qquad \text{(식 1-13)}$$

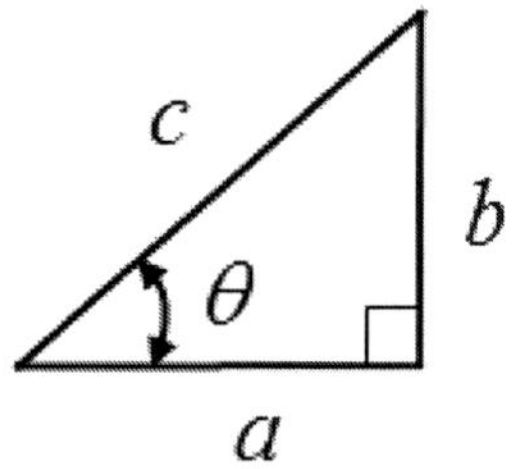

여기서 $\sin\theta = \frac{b}{c}$, $\cos\theta = \frac{a}{c}$, $\tan\theta = \frac{b}{a}$ 라고 정의하면,

$$\frac{c^2}{c^2} = \frac{a^2}{c^2} + \frac{b^2}{c^2} \rightarrow 1^2 = \sin^2\theta + \cos^2\theta \rightarrow \sin^2\theta + \cos^2\theta = 1 \qquad \text{(식 1-14)}$$

1.2.2 삼각비

앞에서 살펴본 sin 함수와 cos 함수의 정의를 이용하면, 직각삼각형의 빗변의 길이와 각도를 이용하여 밑변의 길이와 높이를 계산할 수 있다.

$$b = c \times \sin\theta, \;\; a = c \times \cos\theta \qquad \text{(식 1-15)}$$

□ 계산 예 : 아래와 같은 직각삼각형에서 밑변의 길이와 높이를 구하시오.

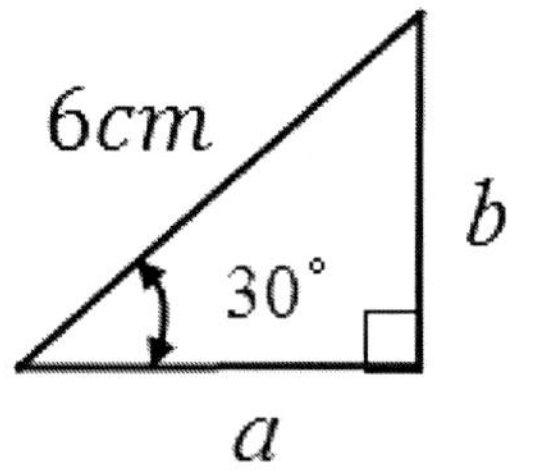

$$b = 6 \times \sin 30° = 3\text{cm}, \;\; a = 6 \times \cos 30° = 5.20\text{cm}$$

1.3 미분과 적분

1.3.1 미분

수학의 미분(differential)을 간단히 정의하면 아주 잘게 나누는 것이다. 미분에서는 공간을 아주 잘게 나누면 아주 얇은 공간이 되는 게 아니라, 하나의 면이 되도록 만들고 또 그 면을 아주 잘게 나누어서 선으로 만든다. 그래서 결국 미분은 3차원이 2차원이 되고 2차원이 1차원이 되는 것, 즉 차수가 낮아지는 것을 말한다. 복잡한 수학적 접근 방법을 피해 간단하게 설명하면, 미분은 미분하고자 하는 점에서의 기울기라고 생각하면 될 것이다. 그러면 함수 중 가장 간단한 형태 중 하나인 다항식의 미분을 살펴보도록 하자.

□ 다항식의 미분 :

$$\frac{dy}{dx} = \frac{d}{dx}(x^n) = nx^{n-1} \qquad \text{(식 1-16)}$$

□ 사용 예 : 다항식 $y = 2x^4 + 3x^3 - x^2 - 4x + 2$를 미분하시오.

$$\frac{d}{dx}(2x^4 + 3x^3 - x^2 - 4x + 2) = 8x^3 + 9x^2 - 2x - 4$$

1.3.2 적분

적분(integral)은 미분과는 반대로 선을 무한히 많이 더해서 면적을 만들고 또 면을 무한히 많이 더해서 공간을 만드는 것이다. 그러면 함수 중 가장 간단한 형태 중 하나인 다항식의 적분을 살펴보도록 하자.

□ 다항식의 적분 :

$$\int x^n dx = \frac{1}{n+1} x^{n+1} + C \qquad \text{(식 1–17)}$$

여기서 C는 적분상수이며 문제에 따라 주어진 조건을 이용하여 구할 수 있다.

□ 사용 예 : 다항식 $y = 2x^4 + 3x^3 - x^2 - 4x + 2$를 적분하시오.

$$\int (2x^4 + 3x^3 - x^2 - 4x + 2)dx = \frac{2}{5}x^5 + \frac{3}{4}x^4 - \frac{1}{3}x^3 - 2x^2 + 2x + C$$

1.4 단위의 종류와 환산

1.4.1 단위의 종류

수학적 세상과 달리 실제 세상은 다양한 물리적 특징을 지니고 있다. 모든 물체는 공간 안에 존재하므로 길이의 단위가 필요하고, 또 물체가 이동하기 위해서는 시간이 걸리므로 시간의 단위가 필요하다. 그리고 물체의 덩어리 자체에서 나오는 특성, 즉 질량이라는 단위가 필요하고, 물체의 에너지를 간접적으로 알 수 있는 온도라는 단위도 필요하다. 이와 같이 길이, 시간, 질량, 온도를 기초 단위라고 하는데, 기초 단위가 여러 가지 방식으로 조합되면 보충 단위가 만들어진다. 보충 단위에 대표적인 것이 힘, 각도, 압력, 모멘트, 에너지, 동력과 같은 것들이 있다.

나라마다 단위를 사용할 때 쓰는 다양한 종류의 단위계가 있다. 예를 들어 미국에서는 USCS(United States Customary Systems)를 사용하여 길이로 인치(inch)나 피트(ft)와 같은 단위를 쓰는데, 이것은 영국 단위계에서 유래한 것이다. 단, 나라마다 서로 다른 단위계를 쓰면 소통하는 데 어려움이 있으므로 대부분의 나라에서는 단위계를 통일하여 SI 단위계(System Of International Unit, 국제 단위계)를 사용하고 있다. 그러므로 본 교재에서는 SI 단위계를 기본적으로 사용하고, 필요할 때는 일부 나라의 단위계를 사용할 것이다.

그러나 우리가 모두 공통적으로 SI 단위계를 사용한다고 해도 단위의 크기가 너무 크거나 작으면 표시하는 데 어려움을 겪을 수 있다. 그러므로 기본 단위를 정하고 나머지를 간단하게 표시하는 방법을 찾는 편이 좋을 것이다. 예를 들어, 길이 단위에는 미터(m), 킬로미터(km), 센티미터(cm), 밀리미터(mm) 등이 있는데, 그 중에서 미터를 기본 단위로 쓰고 나머지 단위는 기본 단위로 변환하면 된다. 그러면 SI 단위계에서 기초 단위와 보충 단위를 정리해보고, 크고 작은 단위를 기본 단위로 표시하는 방법을 살펴보도록 하자.

표 1. SI 단위계

기초 단위				보충 단위				
길이	시간	질량	온도	각도	힘	압력	모멘트	에너지
m	sec	kg	℃	(rad)	N	Pa	N · m	J
km	min	g	℉	°	kN	kPa	kN · m	kJ
cm	hrs	mg	K		kgf	MPa		
mm						GPa		

각 단위의 가장 위에 적힌 것은 기본적으로 사용하는 것으로, 모든 단위는 해당 기본 단위로 변환해야 한다. 이에 대한 표시방법을 길이 단위를 사례로 아래 표에 설명하였다.

표 2. 크고 작은 단위 표시법(길이 단위)

길이 단위	기본 단위 표시 1	기본 단위 표시 2	읽는 법
1Gm	1,000,000,000m	10^9m	Giga(기가)
1Mm	1,000,000m	10^6m	Mega(메가)
1km	1,000m	10^3m	kilo(킬로)
1m	1m	1m	–
1cm	0.01m	10^{-2}m	centi(센티)
1mm	0.001m	10^{-3}m	mili(밀리)
1μm	0.000001m	10^{-6}m	micro(마이크로)
1nm	0.000000001m	10^{-9}m	nano(나노)

크고 작은 단위의 실제 사용 예를 살펴보면 아래 표와 같다.

표 3. 크고 작은 단위의 실제 사용 예

10^x	10^9	10^6	10^3	10^{-2}	10^{-3}	10^{-6}	10^{-9}
표시법	Giga	Mega	kilo	centi	mili	micro	nano
사용 예	207GPa (탄성계수)	300MPa (항복강도)	6,365km (지구반경)	170cm (키)	0.1mm (머리카락)	10㎛ (세포)	0.1㎚ (원자)

1.4.2 단위 환산법

앞에서 살펴본 대로 SI 단위계에서는 대부분의 경우 10^3을 기준으로 표시하는 방법을 사용하고 있지만 그렇지 않은 경우도 있다. 예를 들어 시간 단위에서 1min은 60sec이며 1hrs은 60min이며 동시에 3,600sec로 표시할 수도 있다. 온도의 경우도 각각의 정의에 따라 섭씨(℃)를 화씨(℉)로 바꾸는 특별한 수식을 사용해야 하며 각도의 경우에는 일반적으로 사용하는 디그리(degree)를 라디안(radian)으로 바꾸어야 한다. 또한 힘의 단위 역시 kgf를 기본 단위인 뉴턴(N)으로 바꾸어야 하는데, 단위 환산에 있어서 특별한 몇 가지에 대해 상세히 살펴보도록 하자.

□ 시간 단위 변환 :

$1hrs = 60\text{min} = 3{,}600\text{sec},\ 1\text{min} = 60\text{sec}$

□ 사용 예 : 15분을 기본 단위로 변환하시오.

$15\text{min} = 15 \times 60 = 900\text{sec}$

□ 온도 단위 변환 : C는 섭씨(℃), F는 화씨(℉), K는 절대온도(K, 켈빈)

$$C = \frac{F-32}{1.8},\quad C = K - 273.15 \qquad \text{(식 1-18)}$$

□ 사용 예 : 86℉를 온도의 기본 단위인 섭씨온도로 변환하시오.

$$C = \frac{86-32}{1.8} = \frac{54}{1.8} = 30℃$$

□ 각도 단위 변환 :

$$360^\circ = 2\pi \rightarrow 1^\circ = \frac{\pi}{180} \qquad \text{(식 1-19)}$$

□ 사용 예 : 70˚ 를 각도의 기본 단위인 라디안으로 변환하시오.

$$1^{\circ} = \frac{\pi}{180} \rightarrow 70^{\circ} = 70 \times 1^{\circ} = 70 \times \frac{\pi}{180} = 1.22(rad)$$

□ 힘의 단위 변환 : W는 중력 또는 힘(N), m은 질량(kg), g는 중력가속도(9.81m/sec^2)

$$W = mg \qquad \text{(식 1-20)}$$

ㄴ

□ 사용 예 : 70kg의 질량을 가진 사람의 몸무게를 힘의 기본 단위로 계산하시오.

$$W = mg = 70 \times 9.81 = 687N$$

□ 각속도 단위 변환 : ω는 각속도(rad/sec), N은 분당 회전수(rpm)

$$\omega = \frac{2\pi N}{60} \qquad \text{(식 1-21)}$$

□ 사용 예: 분당 회전수가 200rpm인 모터의 각속도를 기본 단위로 변환하시오.

$$\omega = \frac{2\pi N}{60} = \frac{2\pi \times 200}{60} = 20.9 rad/\sec$$

연습문제

1. 외경이 5cm, 내경이 3cm인 환봉의 단면적을 기본 단위로 구하라.

2. 함수 A(x)를 미분하면 함수 B(x)가 되고, 함수 B(x)를 미분하면 함수 D(x)가 된다고 한다. 함수 D와 함수의 조건이 아래와 같다면 함수 A(1)과 B(1)을 구하라.

$$D(x) = 24x^2 - 6x + 4, B(0) = 0, A(0) = 3$$

3. 2(rad)을 디그리 각도로 변화하라.

4. 질량이 15kg인 사람의 몸무게를 기본 단위로 구하라.

5. 200rad/sec의 각속도를 분당 회전수로 변환하라.

연습문제 풀이

1. $A=\frac{\pi}{4}(0.05^2-0.03^2)=0.00126=1.26\times10^{-3}(m^2)$

2. $\int D(x)dx=\int(24x^2-6x+4)dx=8x^3-3x^2+4x+C_1$

$\rightarrow B(0)=C_1=0 \rightarrow B(x)=8x^3-3x^2+4x$

$\int B(x)dx=\int(8x^3-3x^2+4x)dx=2x^4-x^3+2x^2+C_2$

$\rightarrow A(0)=C_2=3 \rightarrow A(x)=2x^4-x^3+2x^2+3$

$\rightarrow A(1)=6,\ B(1)=9$

3. $\pi=180^\circ \rightarrow 1=\frac{180^\circ}{\pi} \rightarrow 2(rad)=2\times\frac{180^\circ}{\pi}=115^\circ$

4. $W=mg=15\times9.81=147\text{N}$

5. $\omega=\frac{2\pi N}{60} \Rightarrow N=\frac{60\omega}{2\pi}=\frac{60\times200}{2\pi}=1910\text{rpm}$

2장

공업역학의 기초

2.1 힘의 종류

힘의 종류는 크게 체적력과 표면력으로 나눌 수 있다. 체적력은 물체의 덩어리 자체에서 나오는 힘으로, 역학에서는 중력이 이에 해당된다. 그러므로 체적력은 물체의 무게 중심에서 작용하며, 방향은 지구의 중심방향이고 그 크기는 중력을 계산하는 수식으로 구할 수 있다.

$$W = mg \quad \text{(식 2-1)}$$

여기서 m은 체적력이 가해지는 물체의 질량, g는 중력가속도(9.81m/sec^2)이다.

이에 비해 표면력은 물체의 외부에서 물체의 표면에 가해지는 힘으로, 대표적인 것이 마찰력이다. 마찰력은 물체와 물체가 서로 맞닿아 물체의 표면에서 서로 상대운동을 방해하는 힘으로 작용하는 것으로, 상대 물체가 움직이려는 반대방향으로 작용하는 힘이다. 마찰력의 크기는 다음과 같이 계산할 수 있다.

$$f = \mu N \quad \text{(식 2-2)}$$

여기서 μ는 물체의 마찰계수이고, N은 수직항력이다. 물체의 마찰계수는 물체 표면의 매끈한 정도를 나타내는 것으로, 표면이 거칠면 마찰계수가 커져 물체를 밀어서 옮기기 어렵지만, 표면이 매끄러우면 마찰계수가 작아서 물체를 밀어서 옮기기 쉽다. 수직항력은 물체의 접촉면에 수직 방향으로 가해지는 힘을 나타낸다. 일반적으로 평지에서 수직항력은 물체의 무게를 의미한다고 생각하면 쉽게 이해할 수 있을 것이다. 바닥에 놓인 물체의 무게가 무거우면 밀어서 이동하기 어렵고, 가벼우면 밀어서 이동하기 쉽다.

그 외에도 물체의 표면에 작용하는 힘의 종류에는 인장하중, 압축하중, 전단하중, 굽힘하중, 비틀림하중과 같이 다양하다. 인장하중은 물체를 당기는 힘이고, 압축하중은 물체를 누르는 힘이며, 전단하중은 물체의 단면을 자르는 힘이다. 굽힘하중은 물체를 길이에 수직한 방향으로 휘어지게 하는 힘이고, 비틀림하중은 물체에 회전력을 가하는 힘이다.

2.2 역학의 정의와 역사

역학이란 힘이 작용하고 있는 물체의 정지 상태나 운동 상태를 다루는 물리학의 한 분야이다. 공업역학은 물건을 만드는 과정에서 발생하는 힘을 다루는 학문으로, 크게 정역학과 동역학으로 구성되어 있다. 정역학은 외부에서 표면력이 가해질 때 물체의 외적인 평형 상태를 다루는 반면, 동역학은 외부에서 힘이 가해질 때 물체의 운동 상태를 다룬다.

아르키메데스의 지렛대와 뉴턴의 사과

그러면 지금부터 이러한 역학이 언제 시작되었고 어떻게 발전되어왔는지 살펴보자. 문헌으로 기록된 최초의 역학은 아르키메데스(BC 287-212)로 볼 수 있다. 그는 부력의 원리를 발견하였을 뿐 아니라 지렛대의 원리를 이용하여 투석기와 기중기를 개발하였다. 이후 역학의 많은 발전이 이루어졌는데, 스테비누스(시몬 스테빈)(1548-1620)는 벡터 조합의 법칙을 정리하였고, 갈릴레오 갈릴레이(1564-1642)는 돌의 낙하 원리 등을 통해 동역학적 진보를 이뤄냈으며, 얼마 후 아이작 뉴턴(AD 1642-1727)이 만유인력(중력)의 법칙과 운동의 법칙을 정리하여 오늘에 이르고 있다.

2.3 좌표계

공업역학 문제를 다룰 때 물체에 가해지는 힘과 물체의 운동 상태를 표현하기 위해서는 상호 간 합리적인 의사소통을 위한 기준이 필요하다. 위치와 방향을 표시하기 위해 사용되는 대표적인 의사소통 기준으로 좌표계가 있다. 좌표계는 동일한 물체에 대해 서로 다른 사람이 동일하게 인식하여 합리적으로 의사소통을 할 수 있도록 도와주는 위치 표시 체계이다. 대표적인 좌표계가 직교좌표계이며, 그 외에도 원통좌표계와 구면좌표계 등이 있다. 공업역학에서는 대부분 직교좌표계를 사용할 것이지만, 우선 세 가지 좌표계의 특징을 간단히 살펴보자.

직교좌표계는 3차원 공간을 x, y, z라는 세 개의 수직선을 교차하여 물체의 위치를 표시하는 방법이다. 또한 세 개의 직선이 만나는 점을 원점으로 삼고 물체가 위치한 x, y, z의 수의 크기를 표시하여 물체의 위치를 나타낸다. 그러므로 직교좌표계에서는 세 개의 직선으로 물체의 위치를 표시하는 것이다. 예를 들어 진열장의 모양은 사각형 모양이므로 직교좌표계를 사용하면 진열장에 놓인 물체의 위치를 표시하기 쉽다.

이에 비해 통조림 캔과 같은 원통형 모양의 물체를 표현할 때는 원통좌표계가 편리하다. 원통좌표계는 두 개의 직선과 한 개의 각도로 물체의 위치를 표시하는 방법으로, 공작물을 가공하는 선반과 같은 공작기계의 가공 현상을 설명할 때 편리하다.

직교좌표계

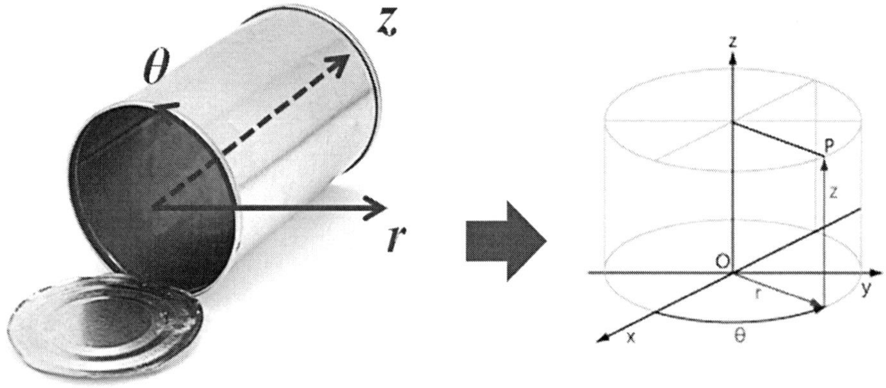

원통좌표계

지구 등의 천체 또는 축구공처럼 구 형상을 가진 물체나 공간을 표현할 때는 구면좌표계가 편리하다. 구면좌표계는 한 개의 직선과 두 개의 각도로 물체의 위치를 표시하는 방법으로, 천문학에서 별의 위치나 행성의 운동을 설명할 때 용이하다.

2.4 벡터와 스칼라

공학적 문제를 해결하는 과정에서 우리는 다양한 물리량을 다루는데, 이 물리량은 크기만 표시하는 것과 크기와 방향을 모두 표시하는 것으로 나눌 수 있다. 이때 크기만 표시하는 것을 스칼라(scalar)라고 하고, 크기와 방향을 모두 표시하는 것을 벡터(vector)라고 한다. 예를 들어 온도가 몇 도인지 이야기할 때 크기만 말해도 온도를 표시할 수 있으므로 온도는 스칼라에 해당된다. 사람의 키를 말할 때도 마찬가지이다. 그러나 길을 물어볼 때는 '왼쪽으로 200m를 가면 된다'는 식으로 말하기 때문에 크기(200m)와 방향(왼쪽)을 모두 표시하는 벡터에 해당된다. 힘의 경우 크기와 방향을 모두 표시해야 하는데, 예를 들어 중력은 W=mg로 크기를 계산하고 그 방향은 지구 중심방향이므로 크기와 방향을 모두 표시하게 되므로 벡터에 해당된다. 공업역학에서 다루는 다양한 힘의 종류는 모두 벡터이므로 지금부터 벡터를 표시하는 방법을 배우도록 할 것이다.

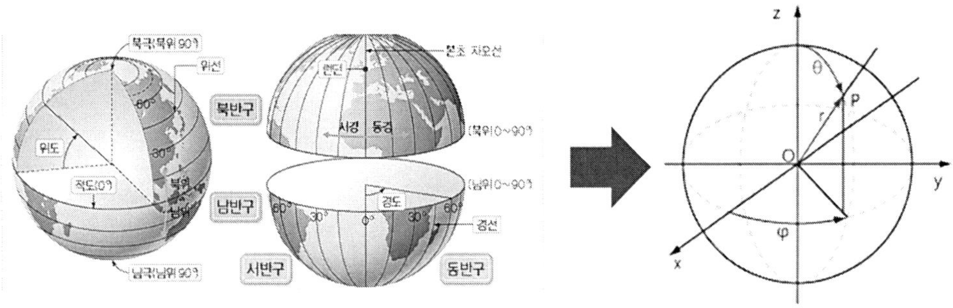

구면좌표계

2.5 힘의 표시법

힘은 벡터이기 때문에 크기와 방향을 모두 표시해야 한다. 그리고 힘이 작용하는 위치가 특정되어 있다면 작용점도 표시하면 힘을 분석하는 데 유리하다. 작용점은 표시하지 않아도 상황에 따라 알 수 있으므로 표시하지 않는 경우가 많다. 그러나 크기와 방향은 반드시 표시해야 한다. 벡터를 표시하는 가장 쉽고 편리한 방법은 화살표로 표시하는 것인데, 이때 힘의 크기는 화살표의 길이로, 방향은 각도로 표시하면 된다. 이때 화살표에 크기 값을 쓰고 방향은 각도 값을 적으면 된다.

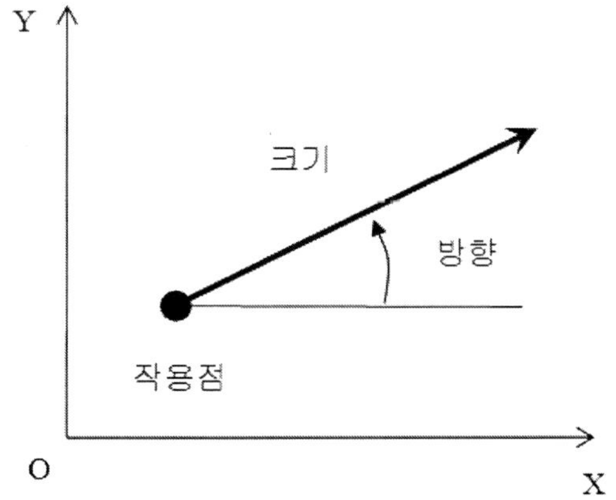

힘의 표시법

2.6 힘의 분해

아프리카 초원에서 드럼물통(Hippo water roller)을 끌고 가는 어린아이를 생각해보자. 드럼물통에는 중력(gravity)이 작용하고 있고, 어린아이가 잡아끌고 있는 줄에 의해 장력(tension)이 가해지고 있으며, 드럼물통과 바닥 사이에서는 수직항력(normal force)과 마찰력(friction)이 발생할 것이다. 중력의 크기는 물통의 질량과 중력가속도의 곱으로 계산할 수 있고, 이때 방향은 지구 중심 방향이 될 것이다. 장력의 크기는 어린아이가 당기는 힘의 크기이고 방향은 당기는 줄의 방향이다. 수직항력의 크기는 장력과 중력의 크기에 따라 결정될 것이고, 방향은 드럼물통이 지면에 닿는 면에 수직방향이 될 것이다. 마찰력의 크기는 $f = \mu N$으로 계산할 수 있고, 마찰력은 저항력으로 작용하기 때문에 마찰력의 방향은 물체가 움직이는 방향의 반대방향이 될 것이다. 여기서 f는 마찰력, μ는 마찰계수, N은 수직항력이다.

드럼물통에 가해진 힘의 표시 및 좌표계 설정

드럼물통에 가해진 힘을 모두 표시한 결과를 고려하여 직교좌표계를 정하면, 지면의 오른쪽 방향을 x로 두고, 지면에서부터 하늘로 향하는 방향을 y로 두는 것이 편리할 것이다. 참고로 좌표계의 방향은 편리한 대로 독자가 정하면 된다. 그러면 중력, 수직항력, 마찰력은 좌표계의 방향과 일치하지만, 장력의 경우에는 좌표계와 일정한 각도를 두고 경사진 방향이다. 경사진 방향에 대해서는 힘의 계산이 불가능하므로 장력을 x-방향과 y-방향으로 나누어 T_x와 T_y로 분해하는 것이 편리하다. 그러면 모든 힘이 x, y의 방향과 일치하여 x, y 방향 각각에 대하여 더하고 뺄 수 있다. 이러한 작업을 힘의 분해라고 하는데 이제부터 그 과정을 간단하게 정리해보자.

좌표계와 경사진 힘에 대한 분해 방법은 다음과 같다. 먼저 경사진 힘(F)을 각 좌표계 x, y에 수직선을 내려 F_x 및 F_y로 표시한다. 그 다음으로 F와 좌표계 사이에 낀 각을 이용하여 F_x와 F_y를 구하면 된다. 각이 낀 분력은 $F\cos\theta$로 계산하고 각이 끼어있지 않은 분력은 $F\sin\theta$로 계산하면 된다.

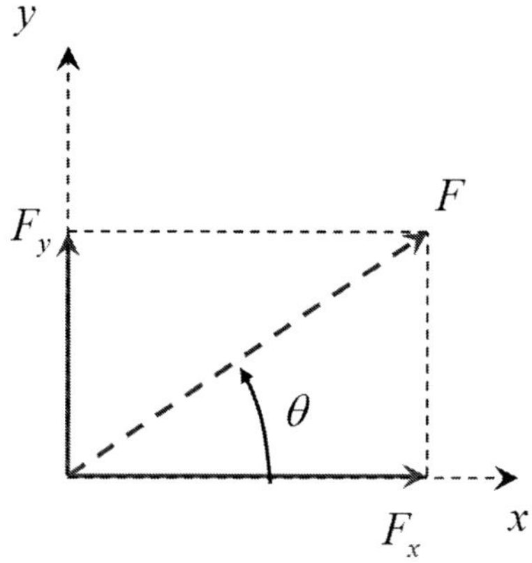

$$F_x = F\cos\theta$$
$$F_y = F\sin\theta$$

힘의 분해 방법

■ 예제 1 ■

아래 그림과 같이 100N의 힘을 줄에 가했을 때 수평 및 수직 방향 분력을 계산하라.

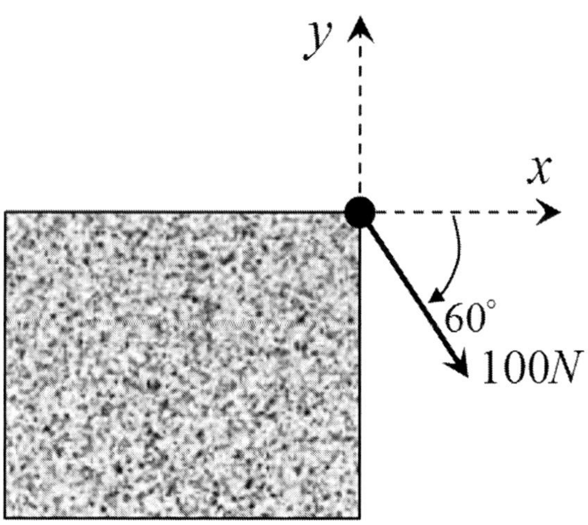

■ 풀이 ■

$$F_x = F\cos\theta = 100\cos60^\circ = 50\,\mathrm{N}$$
$$F_y = -F\sin\theta = -100\sin60^\circ = -86.6\,\mathrm{N}$$

■ 중요 ■

F_x는 x-좌표계와 방향이 일치하므로 (+) 값으로 계산되고, F_y는 y-좌표계와 방향과 반대 방향이므로 (-) 값으로 계산된다.

2.7 힘의 합성

드럼물통에 표시된 힘을 모두 분해하여 x, y 방향으로 각각 표시하고 나면 각 방향으로 표시된 힘을 더하고 빼는 계산과정을 통하여 x-방향으로 1개의 힘, y-방향으로 1개의 힘을 계산해낼 수 있다. 드럼물통에 표시된 힘의 종류가 몇 개가 되든 상관없이 분해된 힘을 모두 더하면 x, y 방향으로 각각 1개씩 나오게 된다. 그러면 F_x와 F_y를 다시 1개의 힘으로 표시하면 최종적으로 드럼물통에 가해진 1개의 힘으로 나타낼 수 있고, 최종적으로 계산된 힘의 크기와 방향에 따라 드럼물통의 움직임을 파악할 수 있다. 이와 같이 F_x와 F_y를 1개의 힘 F로 다시 합치는 과정을 힘의 합성이라고 한다. 이제부터 힘의 합성 과정을 자세하게 살펴보도록 하자.

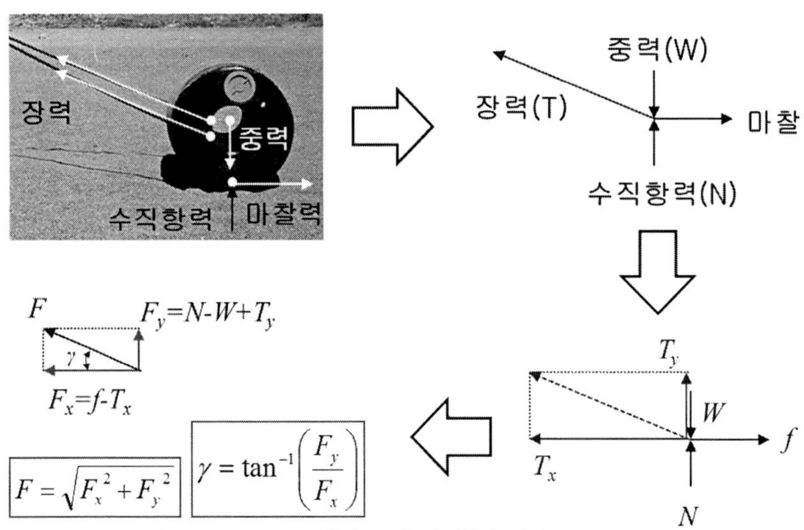

힘의 분해 및 합성 과정

드럼물통을 예로 들면, 힘을 분해한 결과 x-방향에는 마찰력과 장력의 x-방향 성분만 남아 있으므로 이 두 개의 힘을 더하여 F_x라고 하자. y-방향에는 중력과 수직항력, 장력의 y-방향 성분이 있으므로 이를 모두 더하여 F_y라고 하면, 결국 드럼물통에 가해진 모든 힘은 x-방향의 F_x와 y-방향의 F_y로 두 개의 힘만 남게 된다. 서로 수직 상태에 있으므로 두 개의 힘을 더하는 과정이 바로 힘의 합성 과정인데, 이는 두 개의 단계로 나눌 수 있다.

첫 번째는 힘의 크기를 구하는 과정, 두 번째는 힘의 방향을 구하는 과정이다. 힘의 크기는 피타고라스의 정리를 이용하여 직각삼각형의 밑변과 높이를 제곱하여 더한 값에 제곱근을 계산하여 구할 수 있다. 힘의 방향은 직각삼각형의 높이를 밑변의 길이로 나눈 값이 tan로 나타나는 것을 이용하여 구할 수 있다. 이 과정을 정리하면 아래 식과 같다.

□ 힘의 합성 과정 :

1단계 $F= \sqrt{F_x^2+F_y^2}$ (식 2–3)

2단계 $\gamma = \tan^{-1}(\frac{F_y}{F_x})$ (식 2–4)

지금까지 설명한 과정을 정리하여 그림과 수식으로 표현하면 아래와 같다.

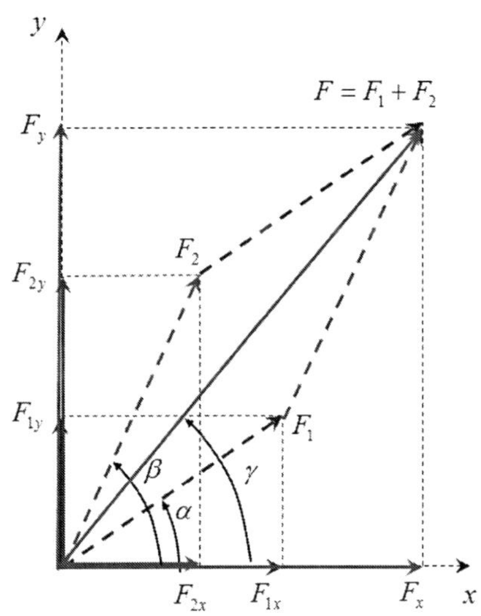

–F_1과 F_2를 x, y 성분으로 분해

$F_{1x} = F_1 \cos\alpha \qquad F_{2x} = F_2 \cos\beta$

$F_{1y} = F_1 \sin\alpha \qquad F_{2y} = F_2 \sin\beta$

–x, y 각 방향에 대해 합성

$F_x = F_{1x} + F_{2x} = F_1 \cos\alpha + F_2 \cos\beta$

$F_y = F_{1y} + F_{2y} = F_1 \sin\alpha + F_2 \sin\beta$

–F_x와 F_y를 F로 표시함(크기, 방향)

$F = \sqrt{F_x^{\ 2} + F_y^{\ 2}} \qquad \gamma = \tan^{-1}\left(\frac{F_y}{F_x}\right)$

힘의 합성 과정 정리

■ 예제 2 ■

아래 그림과 같이 두 개의 힘을 지지하고 있는 링이 있다. 이 링이 지지하는 힘의 합력을 구하여라.

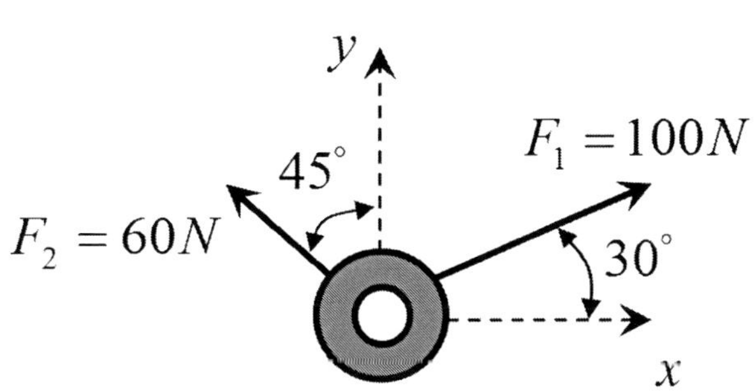

■ 풀이 ■

힘을 모두 분해한 다음 각 방향에 따라 더하면,

$$F_x = F_{1x} + F_{2x} = F_1 \cos 30^\circ - F_2 \sin 45^\circ = 100 \cos 30^\circ - 60 \sin 45^\circ = 44.2\mathrm{N}$$
$$F_y = F_{1y} + F_{2y} = F_1 \sin 30^\circ + F_2 \cos 45^\circ = 100 \sin 30^\circ + 60 \cos 45^\circ = 92.4\mathrm{N}$$

여기에서 다시 F_x와 F_y를 합성하면,

$$F = \sqrt{F_x^2 + F_y^2} = \sqrt{44.2^2 + 92.4^2} = 102\mathrm{N}$$
$$\gamma = \tan^{-1}\left(\frac{F_y}{F_x}\right) = \tan^{-1}\left(\frac{92.4}{44.2}\right) = 64.4^\circ$$

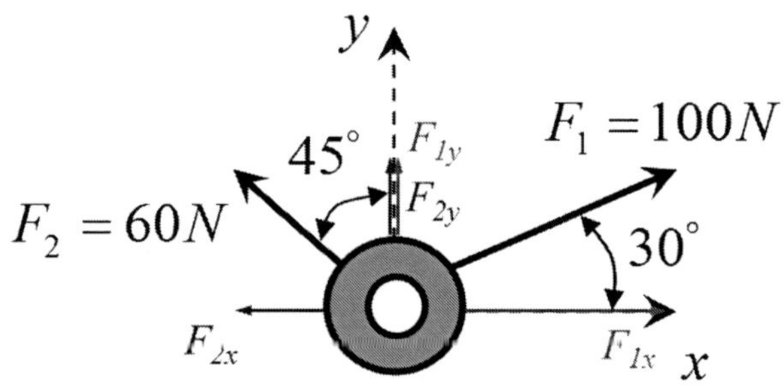

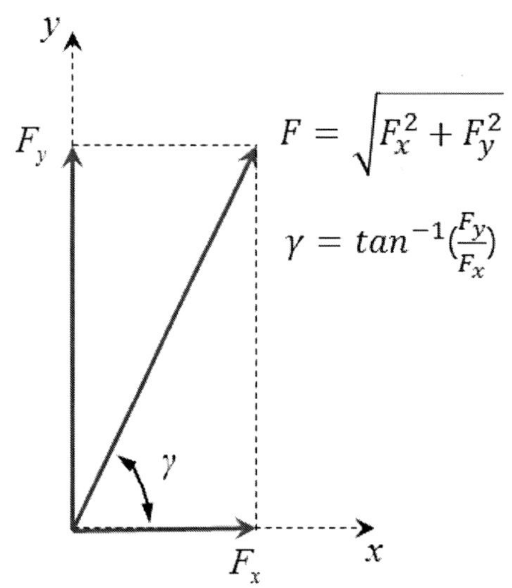

연습문제

1. 아래와 같이 드럼물통을 끌고 갈 때 발생하는 모든 힘을 더한 합성력(F)을 구하라. (단, 드럼물통 무게는 30kgf, 마찰계수는 0.3, 수직항력은 100N, 장력은 388N, θ =30° 이라고 한다.)

2. 아래 그림과 같이 두 개의 힘을 지지하고 있는 링이 있다. 이 링이 지지하는 힘의 합력을 구하라.

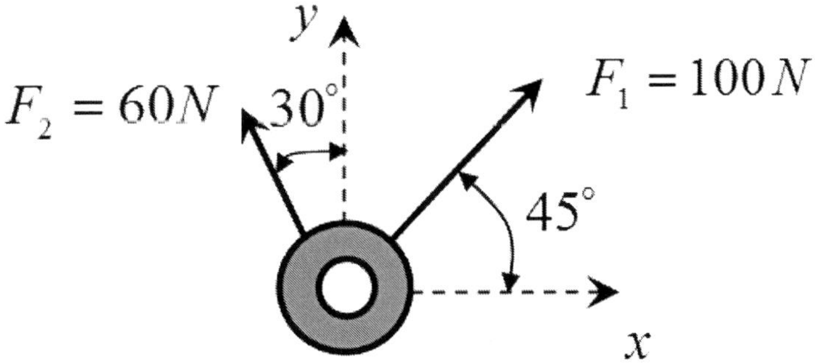

연습문제 풀이

1. 자유물체도를 이용하여 드럼물통에 가해지는 힘을 정리하여 그리면 아래와 같다.

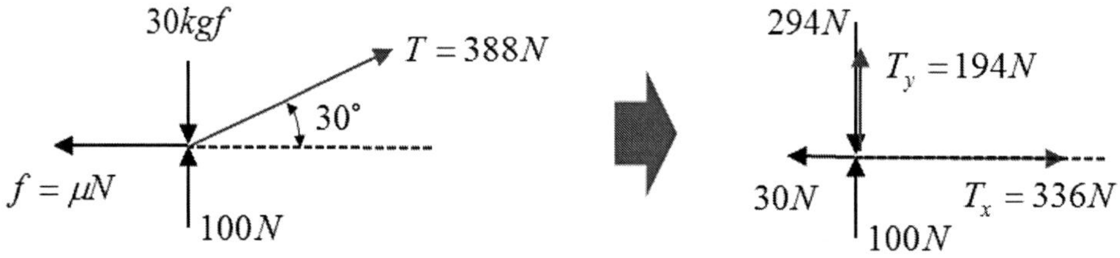

$$F_x = 336 - 30 = 306\,\mathrm{N}$$
$$F_y = 194 + 100 - 294 = 0\,\mathrm{N}$$

이 결과를 이용하여 힘을 합성하면,

$$F = \sqrt{F_x^2 + F_y^2} = \sqrt{306^2 + 0^2} = 306\,\mathrm{N}$$
$$\gamma = \tan^{-1}\left(\frac{F_y}{F_x}\right) = \tan^{-1}\left(\frac{0}{306}\right) = 0\,^{\circ}$$

2. 두 개의 힘을 각각 분해하면,

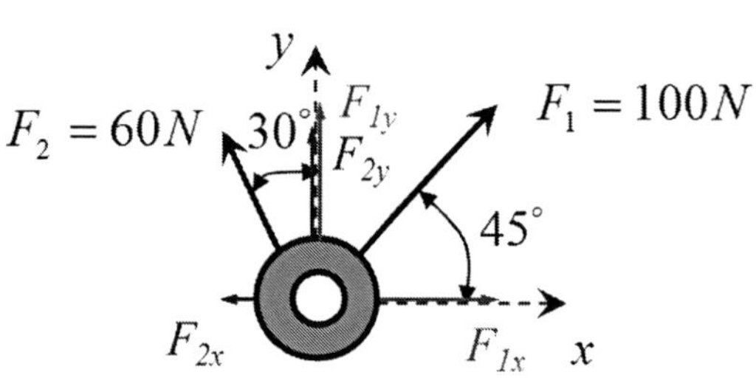

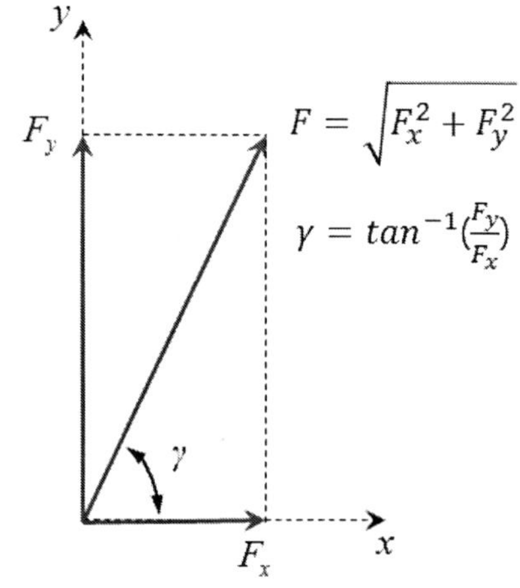

$$F_x = F_{1x} + F_{2x} = F_1\cos 45° - F_2\sin 30° = 100\cos 45° - 60\sin 30° = 40.7\text{N}$$
$$F_y = F_{1y} + F_{2y} = F_1\sin 45° + F_2\cos 30° = 100\sin 45° + 60\cos 30° = 123\text{N}$$

여기에서 다시 F_x와 F_y를 합성하면,

$$F = \sqrt{F_x^2 + F_y^2} = \sqrt{40.7^2 + 123^2} = 130\text{N}$$
$$\gamma = \tan^{-1}\left(\frac{F_y}{F_x}\right) = \tan^{-1}\left(\frac{123}{40.7}\right) = 71.7°$$

3장

기본 개념과 정의

3.1 힘과 모멘트

3.1.1 자연에 존재하는 힘의 종류

우리가 살고 있는 자연은 망원경을 통해 볼 수 있는 은하처럼 큰 대상에서부터 현미경을 통해 관찰할 수 있는 세포처럼 작은 대상까지 다양하게 존재한다. 그러므로 크기에 따라 자연의 계층 구조를 구분해보는 것은 자연을 이해하는 좋은 방법이다.

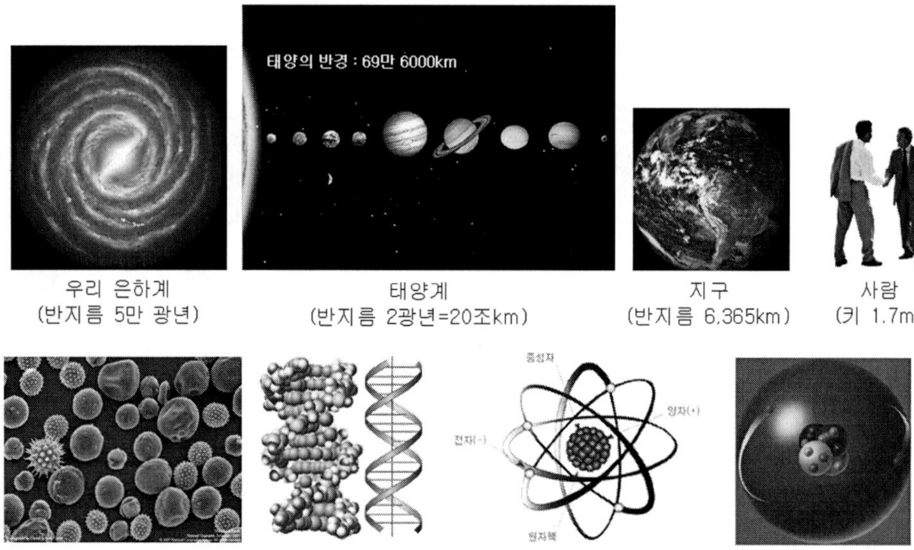

우리 은하계 (반지름 5만 광년) / 태양계 (반지름 2광년=20조km) / 지구 (반지름 6,365km) / 사람 (키 1.7m)

세포(10㎛) / 분자(0.1nm이상) / 원자(0.1nm) / 원자핵(0.00001nm)

자연의 계층 구조

우주에는 수많은 별들이 모인 은하계가 수없이 존재한다. 우리가 살고 있는 지구가 속한 은하계인 우리은하계의 반지름은 5만 광년 정도 되고, 태양계는 반지름이 2광년 정도인 것으로 알려져 있다. 우리가 살고 있는 지구의 반지름은 6,365km이고, 대부분의 사람들의 키는 2m를 넘지 않는다. 사람의 몸을 이루는 세포의 크기는 10μm 정도 되고, 분자는 0.1nm 이상의 크기이며, 원자핵의 크기는 0.00001nm 수준의 크기이다.

이렇게 크고 작은 대상들은 어떻게 자기 형상과 기능을 유지할까? 그것은 바로 우주에 존재하는 4개의 힘 덕분이다. 그러면 지금부터 4개의 힘 각각에 대해 간단히 살펴보도록 하자.

가장 큰 힘은 원자핵을 구성하는 강력으로, 전자기력의 100배로 알려져 있다. 두 번째로 강한 힘은 전자기력이며, 세 번째로 강한 힘은 원자핵 붕괴에서 나오는 약력이다. 마지막으로 가장 약한 힘은 중력으로, 별과 행성의 운동을 설명하는 중요한 힘이다.

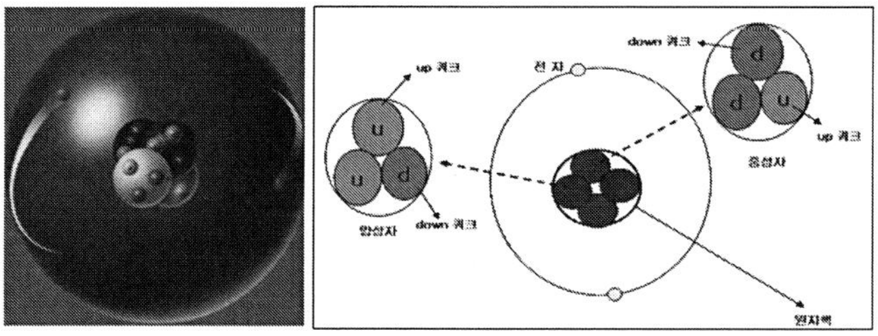

강력 : 양성자와 중성자 사이의 결합력(전자기력의 100배)

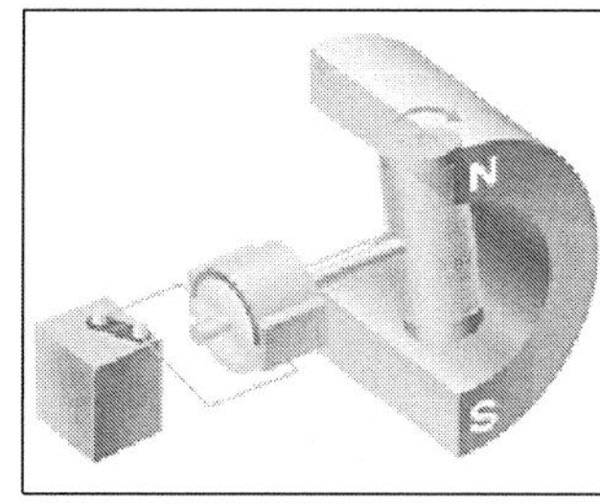

전자기력

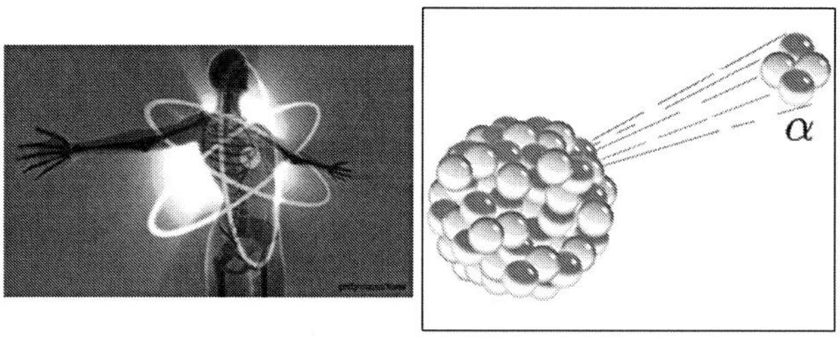

약력 : 원자핵 붕괴에서 나타나는 짧은 거리에서 작용하는 힘

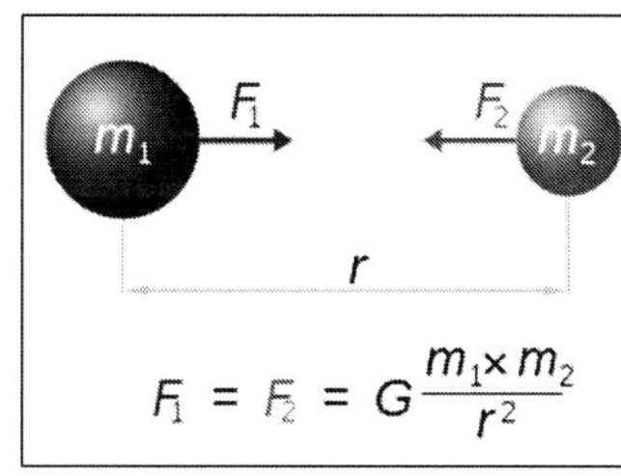

중력

자연에서 발견되는 힘의 4가지 종류

3.1.2 역학에서 다루는 힘의 종류

기계공학에서 다루는 힘의 종류는 크게 체적력과 표면력으로 나눌 수 있다. 체적력은 물체의 덩어리 자체에서 나오는 힘으로 간단하게 중력이라고 말할 수 있다. 표면력은 5가지로 인장하중, 압축하중, 전단하중, 굽힘하중, 비틀림하중으로 나눌 수 있다.

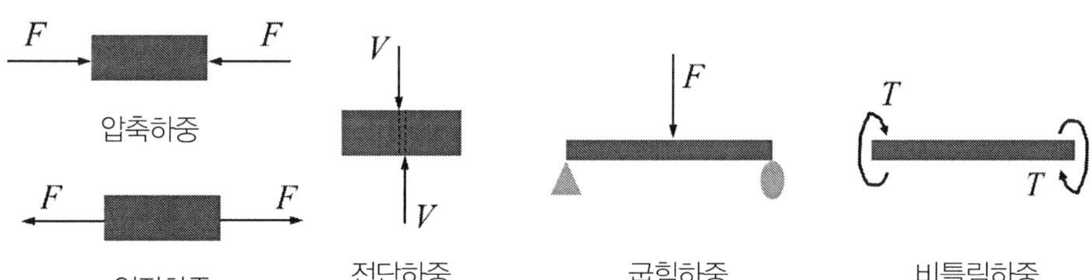

표면력의 종류 5가지

인장하중(tensile load)은 물체를 당기는 힘이고, 압축하중(compressive load)은 물체를 누르는 힘이다. 전단하중(shearing load)은 물체를 자르는 힘이고, 굽힘하중(bending load)은 물체를 휘어지게 하는 힘이며, 비틀림하중(torsional load)은 물체를 회전시켜 비트는 힘이다.

3.1.3 모멘트

덤벨을 이용하여 웨이트 운동을 할 때 팔을 양 옆으로 벌려 어깨 높이로 들면 매우 힘들지만 팔꿈치를 오므린 채 덤벨을 어깨 위치로 이동하여 들면 힘이 거의 들지 않는다. 동일한 무게의 덤벨을 들었음에도 왜 이런 차이가 발생하는 것일까? 그것은 바로 힘이 가해지는 덤벨과 힘을 지지하는 어깨 사이의 거리의 차이 때문이다. 이와 같이 힘과 수직 거리를 곱한 값을 모멘트(moment)라고 정의한다.

모멘트에 대한 이해

덤벨을 이용한 웨이트 운동과 마찬가지로 시소를 탈 때도 동일한 현상이 발생한다. 시소의 양 옆에 동일한 무게를 올리면 평형 상태를 유지할 것 같지만, 양쪽의 중심점으로부터의 거리가 다르면 시소는 회전하게 된다. 이와 같이 힘과 수직 거리를 곱한 것이 모멘트이다.

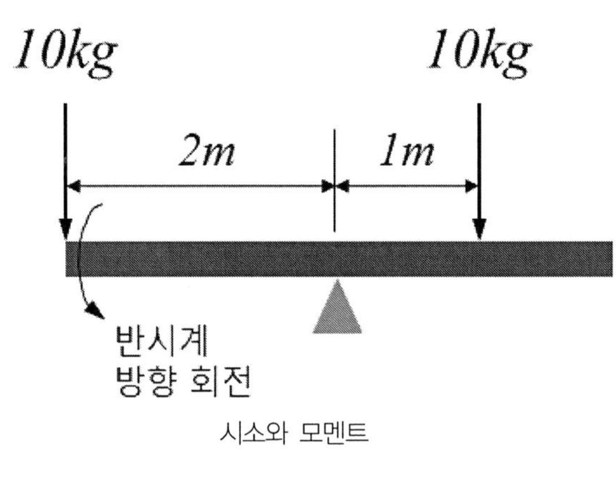

시소와 모멘트

모멘트는 회전을 발생시키는 힘의 하나이기 때문에 크기뿐만 아니라 방향도 표시해야 하는데, 반시계 방향이 (+)이고 시계 방향이 (-)이다. 모멘트의 개념을 아래 그림과 같이 정리해보았다.

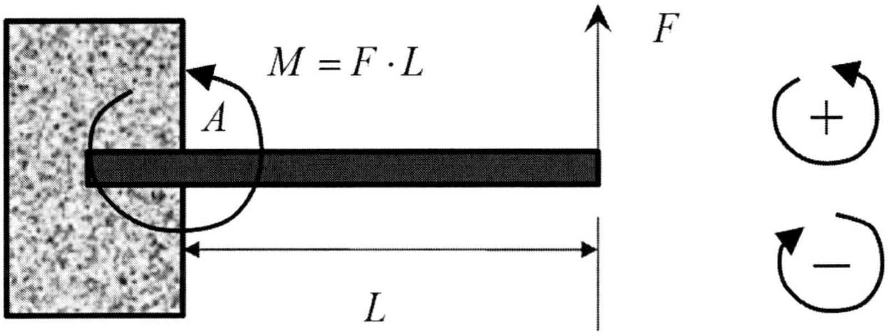

모멘트의 크기와 방향

■ 예제 1 ■

아래 그림에서 고정점 A에 대한 모멘트의 크기를 기본단위로 구하라.

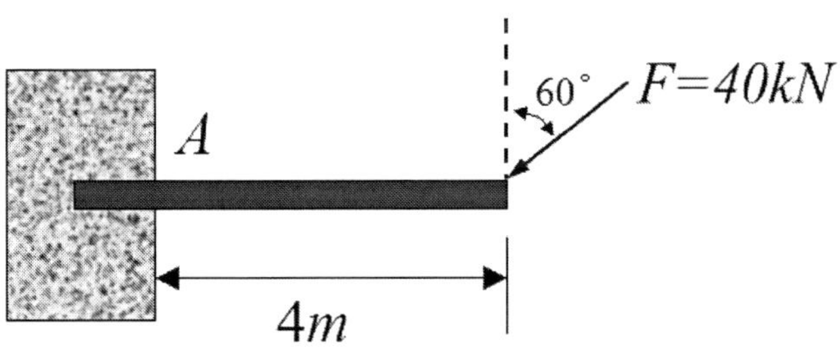

■ 풀이 ■

경사진 힘을 분해하면 F_x는 모멘트를 발생시키지 않고 F_y만 모멘트를 발생시키므로,

$$M = F_y \times L = -40\cos 60^\circ \times 10^3 \times 4 = -80kN \cdot m$$

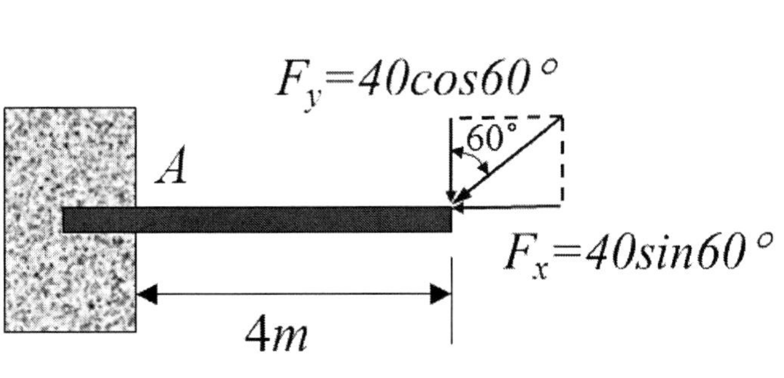

3.1.4 토크

모멘트와 비슷한 것으로 토크(torque)가 있다. 모멘트가 휘어짐과 연관성이 있다면 토크는 비틀림과 연관성이 있다. 다시 말하면 토크는 회전운동과 관련 있다. 물체의 외면에 반지름에 수직 방향으로 힘을 가하면 도형의 중심점을 기준으로 회전 운동을 하게 되며, 다른 쪽을 꽉 잡고 움직이지 않을 경우 비틀려 부러지게 된다. 이와 같은 힘을 토크라고 하는데, 토크는 모든 회전하는 물체에 발생하는 힘이다.

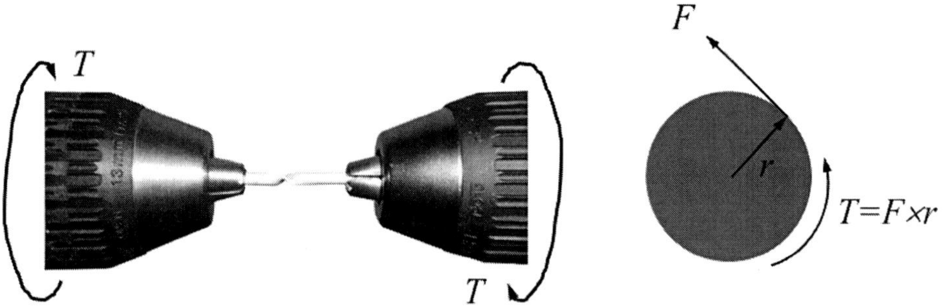

토크에 대한 이해

3.2 지지력과 지지점의 종류

공업역학에서 사용하는 지지력의 종류에는 다양한 것들이 있다. 여기서 지지력이란 대상 물체가 일정한 방향으로 움직이는 것을 방해하는 힘을 말한다. 예를 들어 줄에 매달려 공중에 떠있는 물체를 생각해보자. 줄만 없다면 아래로 떨어져 바닥에 닿을 것이다. 그러므로 줄은 물체가 아래로 움직이는 것을 방해하는 힘을 발생하게 되는데, 이것을 지지력이라고 하고 특별히 줄의 지지력을 장력(tension)이라고 한다. 또 다른 지지력으로 마찰력과 수직항력이 있는데, 앞에서 설명한 대로 마찰력은 두 개의 물체가 접촉이 발생할 때 접촉면이 거친 경우 발생하고, 매끄러운 접촉면에서는 발생하지 않는다. 수직항력은 표면의 거칠기에 상관없이 접촉면에 수직 방향으로 작용하는 지지력이다.

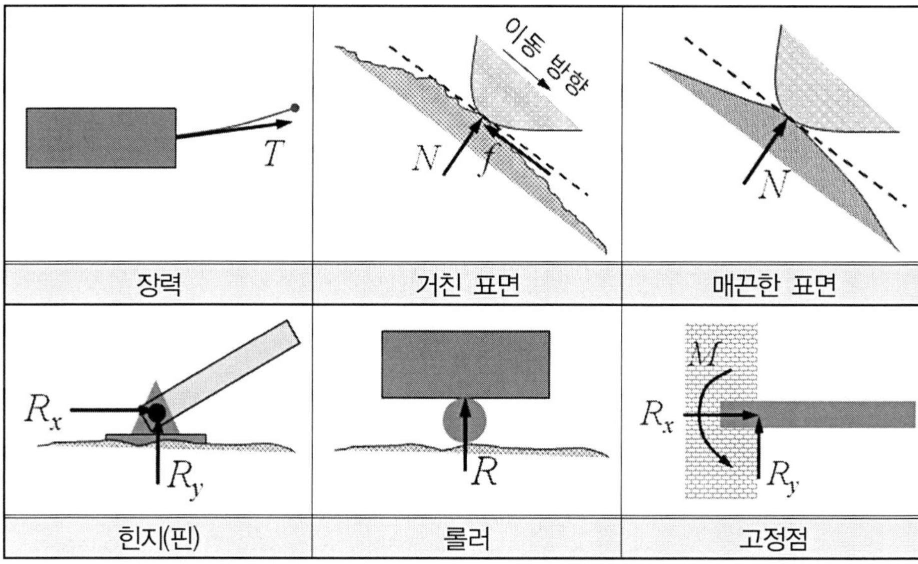

지지력의 종류와 표시법

이 외에도 지지력을 발생시키는 특별한 기계요소가 몇 가지 있는데 이런 기계요소를 지지점이라고 통칭하며, 그 종류는 힌지, 롤러, 고정점으로 크게 세 가지 정도이다. 힌지는 x, y-방향으로 움직이지 못하기 때문에 해당 방향으로 지지점 반력이 발생하지만, 자유롭게 회전되므로 회전에 대한 지지점 반력은 없다. 롤러는 y-방향으로 움직이지 못하기 때문에 해당 방향으로 지지점 반력이 발생하지만, x-방향으로 자유롭게 움직이고 회전도 자유롭게 되므로 x-방향과 회전에 대한 지지점 반력이 없다. 마지막으로 고정점은 x, y-방향으로 움직이지 못하고 회전도 할 수 없으므로 해당 방향에 대해 모두 지지점 반력이 발생한다.

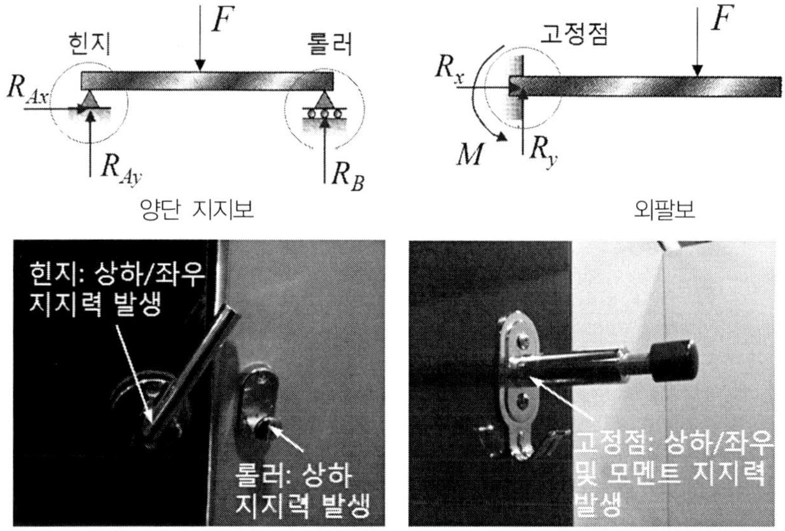

힌지 / 롤러 / 고정점의 표시와 실제 사례

3.3 자유물체도

자유물체도(Free Body Diagram, FBD)는 관심의 대상이 되는 물체에 가해지는 외력과 지지점 반력, 사이즈를 모두 표시한 것이다. 자유물체도를 그리고 나면 평형조건 등을 활용하여 지지점 반력을 비롯하여 알려지지 않은 힘을 계산할 수 있다.

자유물체도를 그리는 과정을 간단히 설명하면, ① 관심의 대상이 되는 물체를 선정하고 ② 관심의 대상이 되는 물체를 그린 후 ③ 관심 대상에 가해지는 체적력과 표면력을 그린다. 마지막으로 ④ 지지점 반력을 표시하고 마지막으로 평형조건을 이용하여 알려지지 않은 미지의 힘을 계산한다.

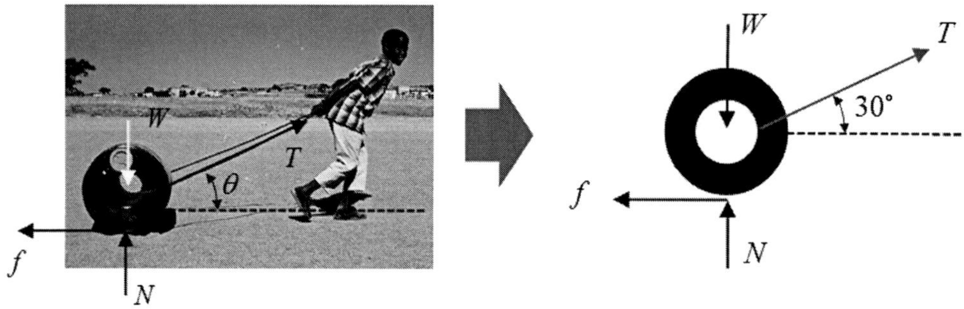

자유물체도의 사례

3.4 평형조건

공업역학에서 정역학 문제는 관심의 대상이 움직이지 않는 평형상태에 있으므로 평형조건을 적용할 수 있다. 여기서 평형조건이란 평형상태(정지)에 있는 물체에 가해진 힘은 좌표계의 각 방향에 대하여 그 합이 0이 된다는 것이다. 그러므로 양단 지지보에 외력이 가해졌을 때 평형조건을 적용하여 문제를 해결하는 과정을 아래와 같이 표현할 수 있다.

□ 평형조건 :

$$\sum F_x = 0, \ \sum F_y = 0, \ \sum M = 0 \qquad \text{(식 3-1)}$$

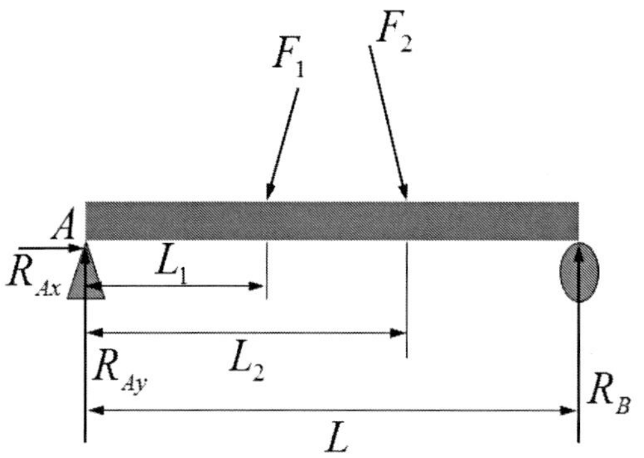

$$\sum F_x = 0 : F_{1x} + F_{2x} + R_{Ax} = 0$$
$$\sum F_y = 0 : F_{1y} + F_{2y} + R_{Ay} + R_B = 0$$
$$\sum M_A = 0 :$$
$$F_{1y} \times L_1 + F_{2y} \times L_2 + R_B \times L = 0$$

평형조건 적용 사례

■ 예제 2 ■

아래의 그림과 같이 양단 지지보에 힘이 가해질 때 평형을 유지하기 위한 반력을 구하여라.

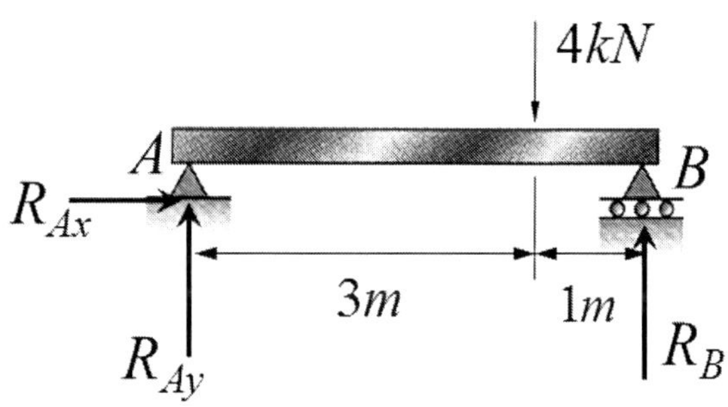

■ 풀이 ■

자유물체도에서 평형조건을 적용하면 아래 식을 얻을 수 있다.

$$\sum F_x = 0 : R_{Ax} = 0$$
$$\sum F_y = 0 : R_{Ay} + R_B - 4 = 0$$
$$\sum M_A = 0 : R_B \times 4 - 4 \times 3 = 0$$

모멘트 평형식에서 R_B를 구한 후 y-방향 힘의 평형조건으로부터 R_{Ay}를 구할 수 있다.

$$R_{Ax} = 0$$
$$R_B = 3\,\mathrm{kN}$$
$$R_{Ay} = 1\,\mathrm{kN}$$

연습문제

1. 아래 그림과 같은 외팔보에 발생하는 지지점 반력을 구하여라.

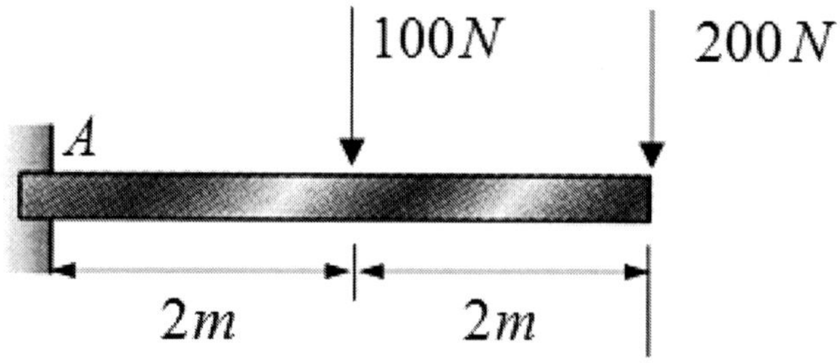

2. 아래 그림과 같은 양단 지지보에 발생하는 지지점 반력을 구하여라.

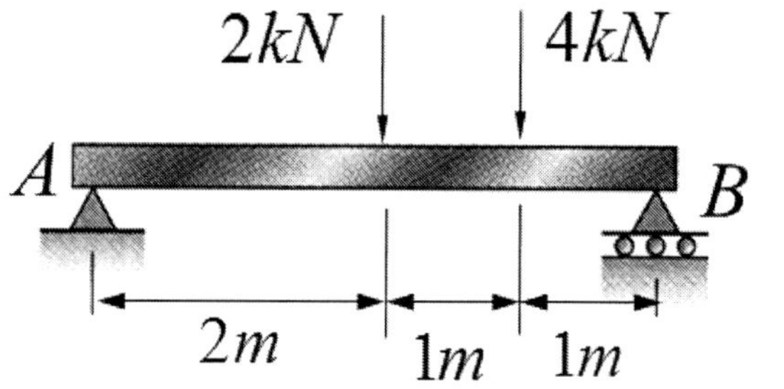

연습문제 풀이

1. 자유물체도를 그리기 위해 고정점 A에 대해 지지점 반력을 표시하면,

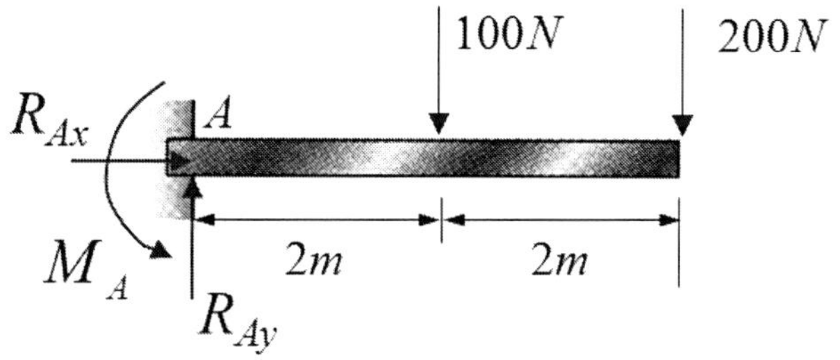

$$\sum F_x = 0 : R_{Ax} = 0$$
$$\sum F_y = 0 : R_{Ay} - 100 - 200 = 0$$
$$\sum M = 0 : M_A - 100 \times 2 - 200 \times 4 = 0$$

$$R_{Ax} = 0,\ R_{Ay} = 300\ \mathrm{N},\ M_A = 1\,\mathrm{kN} \cdot \mathrm{m}$$

2. 자유물체도를 그리기 위해 힌지 A와 롤러 B에 대해 지지점 반력을 표시하면,

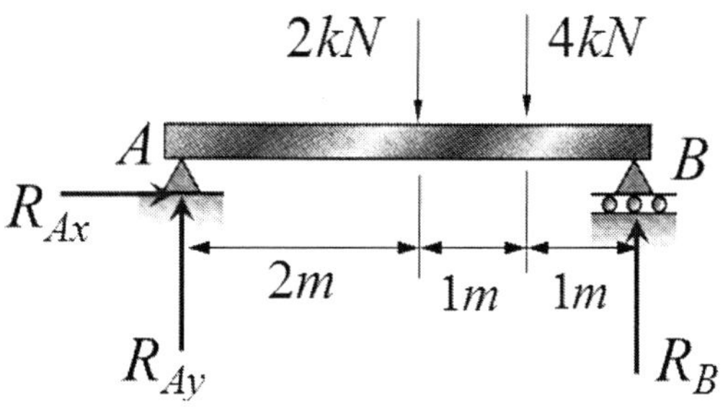

$$\sum F_x = 0 : R_{Ax} = 0$$
$$\sum F_y = 0 : R_{Ay} + R_B - 2 - 4 = 0$$
$$\sum M = 0 : R_B \times 4 - 2 \times 2 - 4 \times 3 = 0$$

$$R_{Ax} = 0,\ R_{Ay} = 2\,\mathrm{kN},\ R_B = 4\,\mathrm{kN}$$

4장

구조물의 종류와 트러스

4.1 구조물의 종류

물체에 가해지는 힘의 종류에 따라 물체(구조물)의 이름이 정해진다. 물체를 당기는 힘, 즉 인장하중이 가해지는 구조물을 케이블(cable)이라고 한다. 케이블은 인장하중을 가하면 팽팽해지면서 인장하중을 지지하지만, 압축하중이 가해지면 힘을 지지하지 못하게 된다.

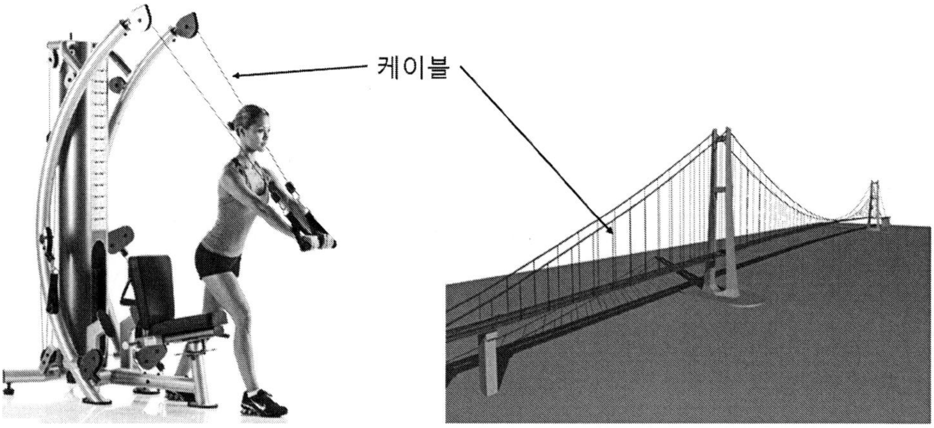

인장하중 구조물 : 케이블

이와 달리 물체를 누르는 힘, 즉 압축하중이 가해지는 구조물은 기둥(column)이라고 부른다. 기둥 구조물은 대부분 압축하중이 가해지면 힘을 잘 지지하는 구조로 되어있지만, 상황에 따라 인장하중을 가한다 해도 힘을 지지하지 못하는 것은 아니다. 하지만 압축하중이 가해지는 구조물을 기둥이라고 부르는 이유는 기둥이 사용되는 상황 자체가 주로 압축하중이 가해지는 상황이기 때문이다. 대표적인 것이 건물의 기둥이나 피아노의 다리 등이다.

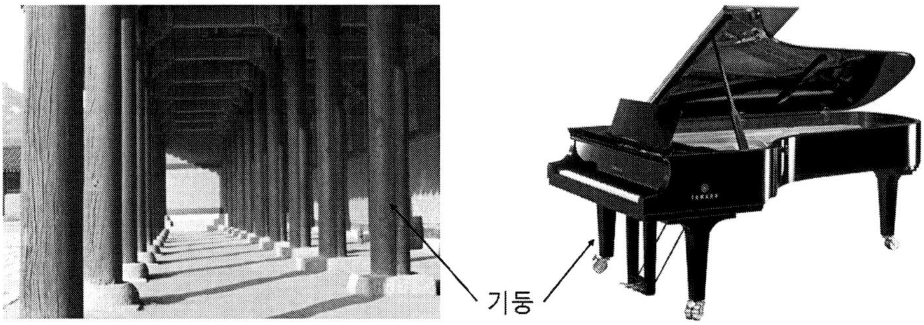

압축하중 구조물 : 기둥

구조물 중에는 인장하중과 압축하중을 모두 지지하는 것도 있는데, 그런 구조물을 트러스(truss)라고 부른다. 트러스 구조물은 삼각형으로 구성된 기본 요소(unit)가 연속적으로 이어진 구조물이며, 트러스를 구성하는 각각의 링크에는 인장하중 또는 압축하중만 가해진다. 외부에서 가해지는 하중은 핀을 통해 링크에 가해지며, 각 링크에 가해지는 힘의 크기는 평형조건을 통해 계산할 수 있다.

트러스의 사례 및 구성 요소

전단하중이 가해지는 구조물은 특별히 불리는 이름은 없지만, 우리의 일상생활에서 많이 발견할 수 있다. 전단구조물의 특징은 서로 반대 방향의 힘이 아주 가까운 거리에서 짝힘으로 작용한다는 점이다. 예를 들어 가위로 물건을 자를 때 가위를 이루는 두 개의 날이 서로 반대 방향으로 움직이면서 짝힘으로 작용하여 물건을 자르는 원리가 그렇다. 옷걸이도 마찬가지인데, 접착제를 이용하여 벽에 접합한 옷걸이에 옷을 걸면 중력에 의해 옷 무게가 아래 방향으로 작용하고 벽은 반력으로 옷걸이의 접착제에 윗방향으로 작용하여 접착제로 붙은 부분이 떨어져 고장 나게 된다.

전단하중 구조물

굽힘하중이 가해지는 구조물은 보(beam)이다. 건설 현장에서 많이 사용하는 'I자 보'가 대표적이며, 교각도 보의 사례에 해당된다. 보를 정의할 때 가장 중요한 점은 가늘고 길어야 하며,

또 외부에서 가해지는 힘의 방향은 보의 길이 방향에 수직 방향이어야 한다는 것이다.

굽힘하중 구조물 : 보

비틀림하중이 가해지는 구조물은 축(shaft)이라고 하는데, 대부분 회전하는 구조물이 이에 해당된다. 자동차를 비롯하여 비행기, 선박, 자전거, 모터 등에 사용되는 회전 구조물이 축에 해당되며, 일부 정지 상태에서 비틀림하중을 지지하는 구조물도 있다.

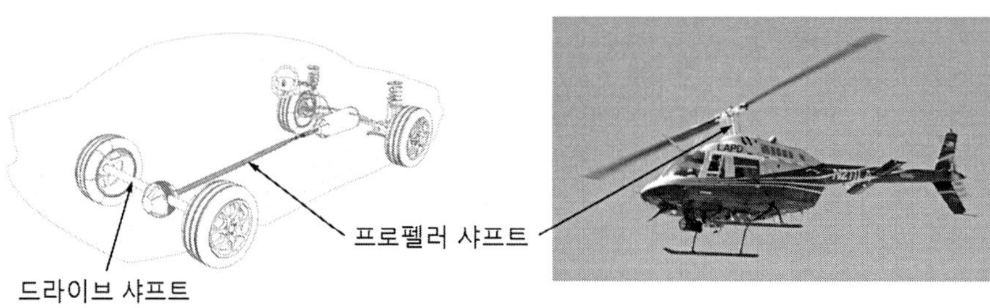

비틀림하중 구조물 : 축

4.2 트러스

트러스는 여러 개의 링크가 서로 연결되어 외부에서 가해지는 큰 힘을 지지할 수 있도록 설계된 구조물을 말하며, 트러스를 구성하고 있는 각 링크는 인장력 또는 압축력을 지지할 수 있는 요소이다. 트러스 구조물은 우리 주위에서 흔히 볼 수 있는데, 트러스 구조물을 사용하는 이유는 내부가 비어있어서 가벼우면서도 큰 힘을 지지할 수 있는 데다 구조물 자체가 아름답기 때문이다. 트러스 구조물은 외부에서 다양한 힘을 가할 수 있으며, 이 외부에서 가해지는 힘은 링크와 링크를 연결하는 핀을 통해 가해지고, 핀에 가해진 힘은 인장력 또는 압축력의 형태로 링크에 가해져 지지점을 통해 외부 힘이 지지된다.

트러스 구조물을 공업역학적 방법으로 분석하기 위해서는 몇 가지 가정이 필요하다. 첫 번째, 트러스를 이루는 모든 요소는 강체이며, 두 번째, 링크의 양 끝은 마찰이 없는 핀으로 서로 연결되어 있다. 세 번째, 하중과 지지력의 작용선은 핀 중심을 통과하고, 네 번째, 트러스 자체의 하중이 외력에 비해 작을 때는 무시할 수 있다.

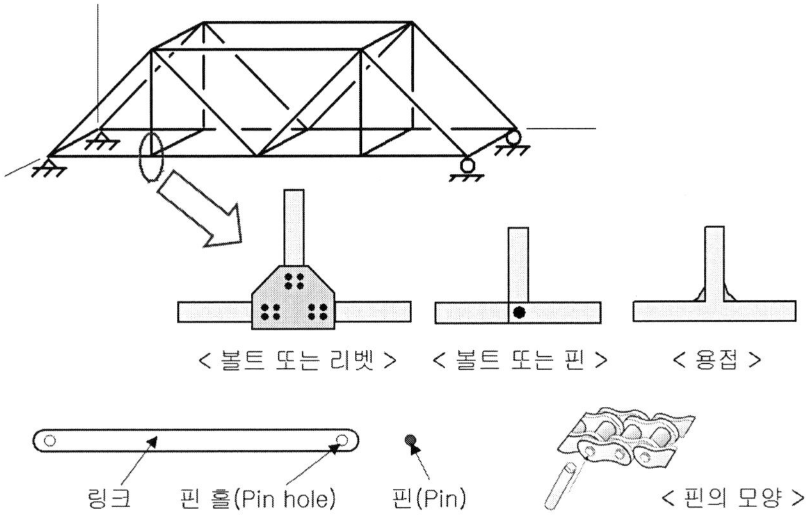

트러스 구조물의 구성

트러스 구조물이 외부에서 가해지는 힘을 지지하는 원리는 간단하다. 핀을 통해 외력이 가해지면 핀과 결합된 링크를 통해 그 힘이 전달되어 지지점의 힌지와 롤러를 통해 지지되는 것이다. 그렇다면 핀을 통해 외력이 가해질 때 트러스를 구성하고 있는 각 링크의 내부에 발생하는 내력의 크기와 방향은 어떻게 구할 수 있을까? 예를 들어 다음과 같은 트러스 구조물을 생각해보자.

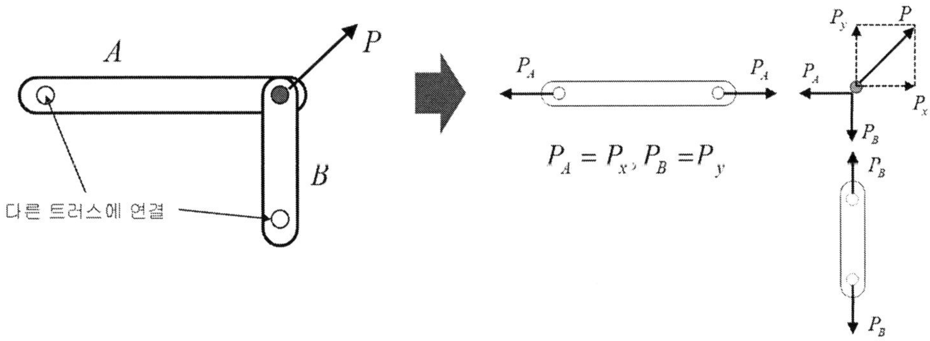

트러스 외부에서 가해진 힘 링크로 전달되는 원리

먼저 핀과 링크를 모두 분해한 후 각각에 대해 자유물체도를 그린 다음, 각 부품에 대하여 평형조건을 적용하면 각각의 링크 내부의 힘을 구할 수 있다. 이때 핀이든 링크든 당기는 힘이면 인장하중, 누르는 힘이면 압축하중으로 판단하면 된다.

트러스 전체 구조물에 대해 링크의 내력을 구하는 과정은 크게 2단계로 나눌 수 있다. 첫 번째 단계는 트러스 구조물을 하나의 강체로 보고 강체에 대한 자유물체도를 그린 후 세 가지 평형조건을 적용하여 힌지와 롤러에서 발생하는 지지점 반력을 구하는 것이고, 두 번째 단계는 트러스 구조물을 이루고 있는 각 핀에 대해 자유물체도를 그린 후 핀을 질점으로 보고 질점에 대한 평형조건을 적용하여 핀에 가해지는 인장력 또는 압축력을 계산하는 것이다. 결과적으로 핀에 가해지는 힘이 핀에 연결된 링크에 가해지는 힘이므로 핀에 가해지는 힘을 구하면 링크에 가해지는 내력을 구하는 것이 된다.

이와 같이 트러스를 구성하는 각 링크에 발생하는 내력의 크기와 방향을 계산하는 2단계를 상세히 살펴보기 위해 다음과 같이 간단한 형상의 트러스 구조물을 생각해보자.

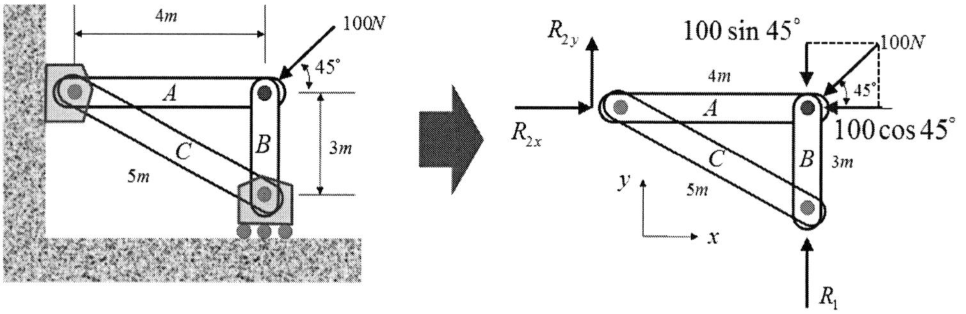

$$\sum F_x = 0 : R_{2x} - 100\cos 45^\circ = 0$$
$$\sum F_y = 0 : R_1 + R_{2y} - 100\sin 45^\circ = 0$$
$$\sum M_2 = 0 : R_1 \times 4 - 100\sin 45^\circ \times 4 = 0$$

$$\Rightarrow \quad R_1 = 70.7N, \quad R_{2x} = 70.7N, R_{2y} = 0$$

외부에서 100N의 힘이 핀에 경사진 방향으로 가해진다고 할 때, 트러스를 구성하는 각 링크에 발생하는 내력을 계산하기 위해서 1단계로 트러스 전체 구조물을 강체로 가정하여 자유물체도를 그리고 지지점 반력을 표시한 후 평형조건을 적용한다.

지지점 반력이 계산되고 나면 각 핀을 분리하여 자유물체도를 그린 다음 핀 질점에 대하여 평형조건을 적용하여 핀에 가해지는 내력의 크기와 방향을 구할 수 있는데, 핀에 가해지는 내력의 크기와 방향은 곧 핀에 연결된 링크에 가해진 내력의 크기 및 방향과 동일하다. 트러스를 구성하는 모든 링크에 대해 내부에서 발생하는 힘의 크기와 방향을 계산하기 위해서는 각 링크가 결합된 핀의 위치를 잘 선정하여 계산하면 된다. 위의 문제에서는 힌지 부분의 핀에 대해 평형조건을 적용하면 A 링크와 C 링크의 내력을 계산할 수 있고, 롤러 부분의 핀에 대해 평형조건을 적용하면 B 링크와 C 링크의 내력을 계산할 수 있다. 그러므로 힌지와 롤러의 핀에 대해 평형조건을 적용하는 것만으로 모든 링크에 가해지는 내력의 크기와 방향을 계산할 수 있으므로 나머지 외력이 가해지는 핀에 대한 평형조건을 적용할 필요성이 사라진다.

힌지 핀과 롤러 핀에 평형조건을 적용하여 각 링크에 발생하는 내력의 크기와 방향을 계산한 결과는 다음과 같다.

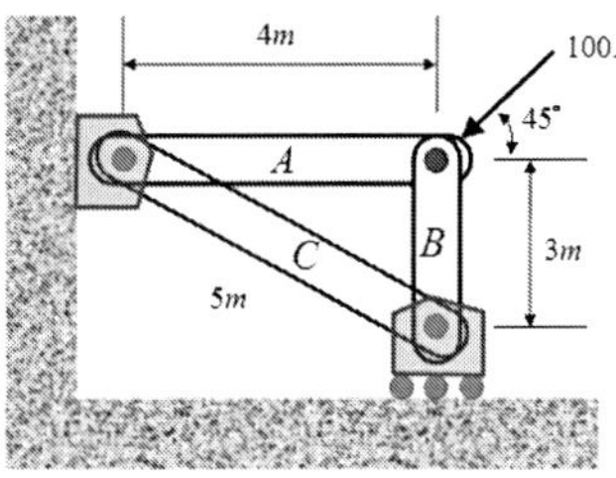

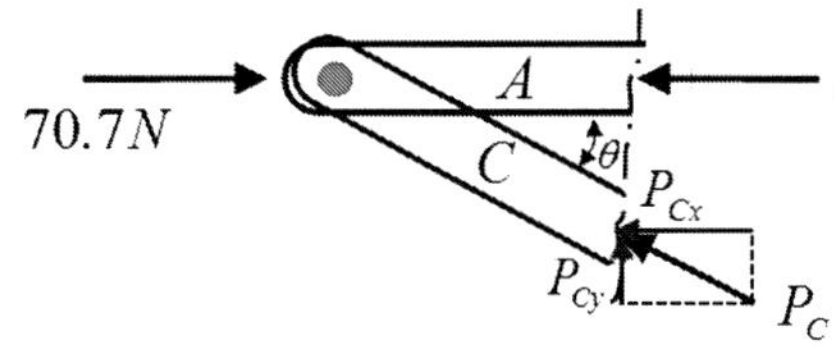

$$\sum F_y = 0 : P_{Cy} = 0 \rightarrow P_C = 0$$

$$\sum F_x = 0 : 70.7 - P_A = 0 \rightarrow P_A = 70.7N\text{(압축)}$$

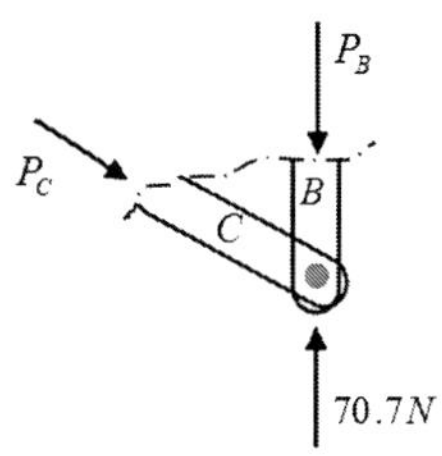

$$\sum F_y = 0 : 70.7 - P_B = 0 \rightarrow P_B = 70.7N\text{(압축)}$$

여기서 외력의 방향을 결정하는 방법을 설명하면, 처음에 가정했던 방향으로 계산한 결과가 (+)로 나오면 가정했던 방향이 맞으므로 거기에 따라 판단하면 되고, 만약 (-)로 나오면 처음에 가정했던 방향과 반대 방향으로 판단하면 된다. 예를 들어 위에서 다룬 트러스 구조물에서 P_A의 경우 압축으로 가정했는데 계산 결과가 (+)로 나왔으면 가정한 방향이 맞으므로 압축방향이 된다. P_B의 경우도 처음에 압축으로 가정하여 계산했는데 그 결과가 (+)로 나왔다면 처음에 가정한 방향이 맞으므로 압축 방향이 되는 것이다.

■ 예제 1 ■

아래 그림과 같이 트러스 구조물에 힘이 가해질 때, 각 부재에 작용하는 힘을 결정하라.

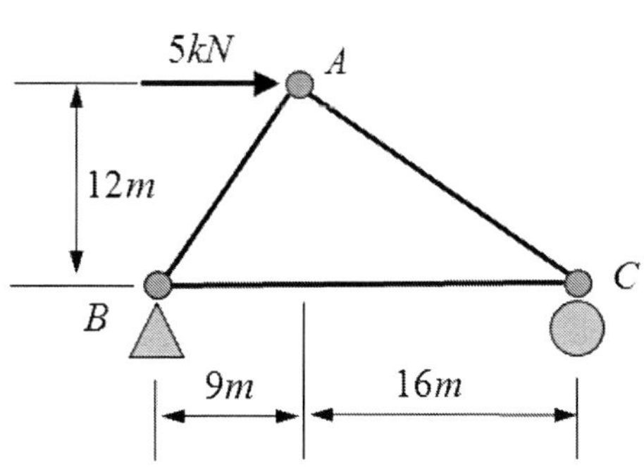

■ 풀이 ■

트러스 구조물에 대한 자유물체도를 그리면 다음과 같다.

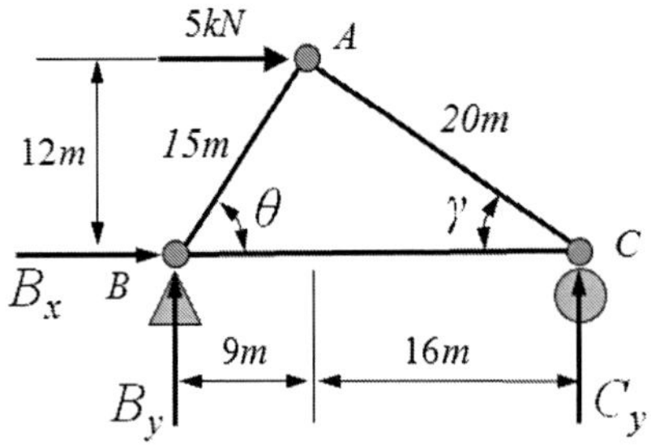

$$\cos\theta = \frac{9}{15} = \frac{3}{5} \qquad \sin\theta = \frac{12}{15} = \frac{4}{5}$$

$$\cos\gamma = \frac{16}{20} = \frac{4}{5} \qquad \sin\gamma = \frac{12}{20} = \frac{3}{5}$$

자유물체도에 대해 평형조건을 적용하면,

$$\sum F_x = 0 : B_x + 5 = 0 \rightarrow B_x = -5\,\text{kN}$$
$$\sum F_y = 0 : B_y + C_y = 0 \rightarrow B_y = -C_y$$
$$\sum M_B = 0 : C_y \times 25 - 5 \times 12 = 0 \rightarrow C_y = 2.4\,\text{kN}$$

여기서 트러스를 구성하는 각 링크에 발생하는 내력을 계산하기 위해 B점과 C점의 핀에 대한 질점 평형조건을 적용한다. 먼저 B점에 대해 적용하면,

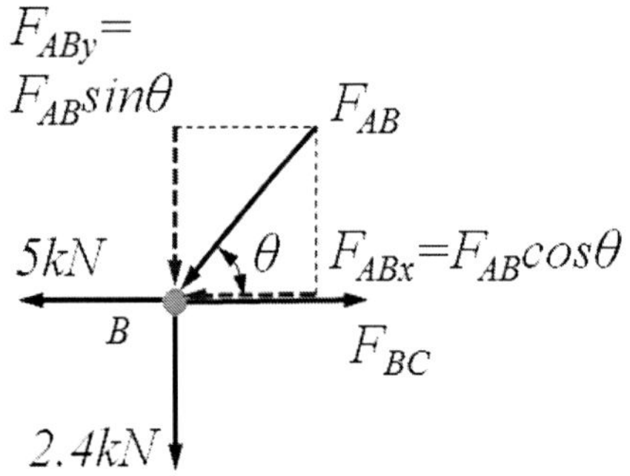

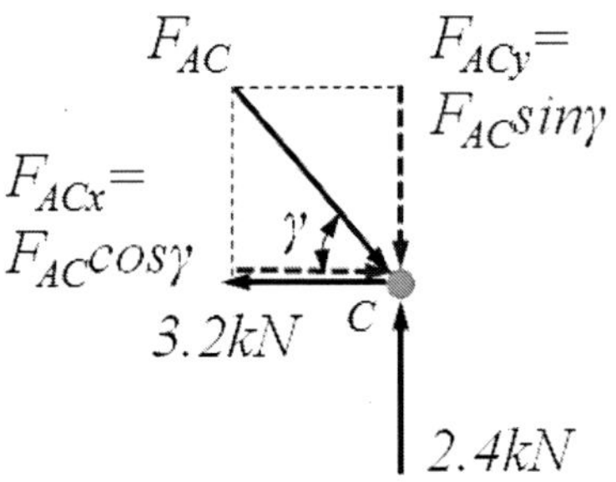

$$\sum F_y = 0 : -F_{AB}\sin\theta - 2.4 = 0 \rightarrow F_{AB} = \frac{-2.4}{\sin\theta} = \frac{-2.4}{\frac{4}{5}} = -3\,\text{kN}(\text{인장})$$

$$\sum F_x = 0 : -F_{AB}\cos\theta - 5 + F_{BC} = 0$$

$$\rightarrow F_{BC} = F_{AB}\cos\theta + 5 = -3 \times \frac{3}{5} + 5 = 3.2\,\text{kN}(\text{인장})$$

다음으로 C점에 대해 적용하면,

$$\sum F_y = 0 : 2.4 - F_{AC}\sin\gamma = 0 \rightarrow F_{AC} = \frac{2.4}{\sin\gamma} = \frac{2.4}{\frac{3}{5}} = 4\mathrm{kN}(\text{압축})$$

이와 같이 각 핀에 평형조건을 적용하면 트러스를 구성하는 모든 링크에 발생하는 내력의 크기와 방향을 계산할 수 있다.

연습문제

1. 아래 그림과 같이 트러스 구조물에 힘이 가해질 때, 각 부재에 작용하는 힘을 결정하라.

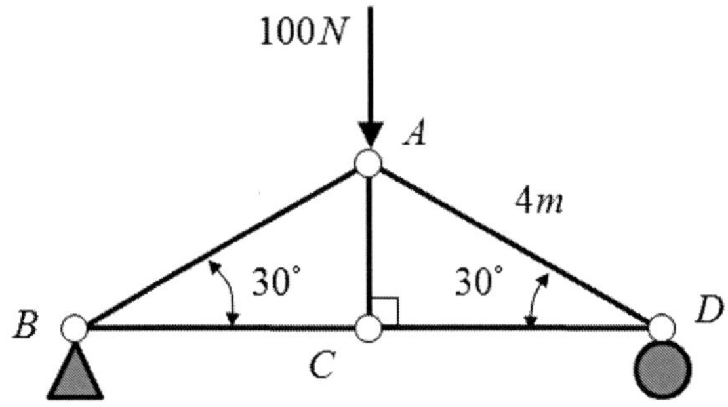

2. 아래 그림과 같이 트러스 구조물에 힘이 가해질 때, 각 부재에 작용하는 힘을 결정하라.

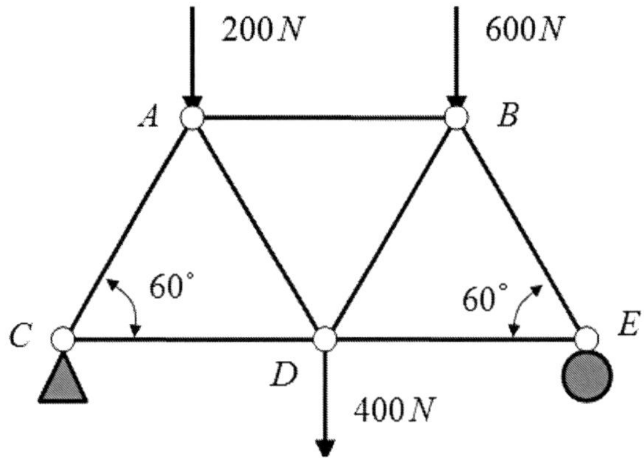

연습문제 풀이

1. 트러스 구조물에 대한 자유물체도를 그리면 다음과 같다.

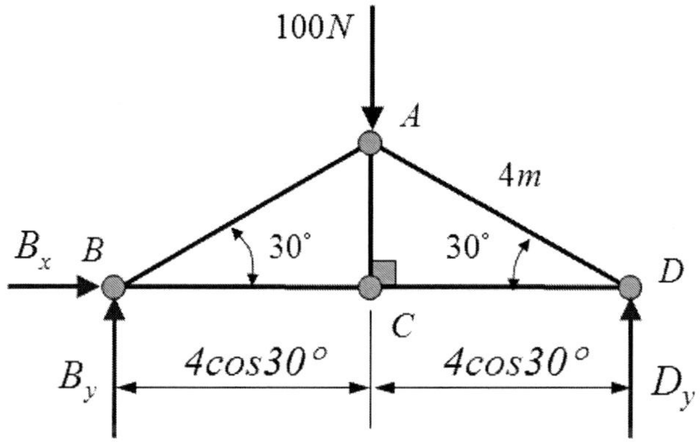

자유물체도에 대해 평형조건을 적용하면,

$$\sum F_x = 0 : B_x = 0$$
$$\sum F_y = 0 : B_y + D_y - 100 = 0 \rightarrow B_y + D_y = 100$$
$$\sum M_B = 0 : D_y \times 2 \times 4\cos 30° - 100 \times 4\cos 30° = 0 \rightarrow D_y = 50\text{N}$$
$$\rightarrow B_y = 100 - D_y = 50\text{N}$$

여기서 트러스를 구성하는 각 링크에 발생하는 내력을 계산하기 위해 B점과 C점의 핀에 대한 질점 평형조건을 적용한다. 먼저 B점에 대해 적용하면,

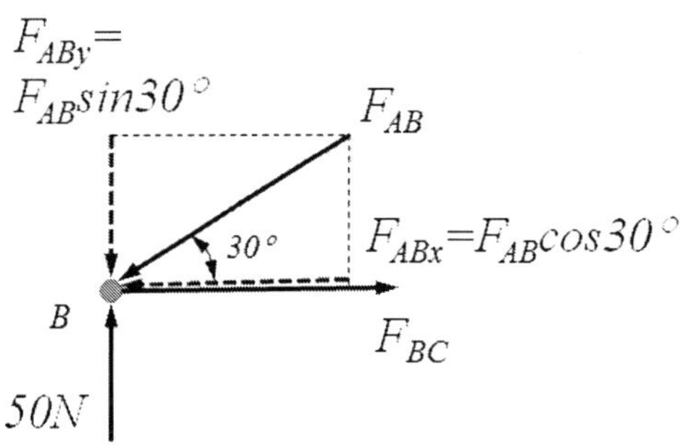

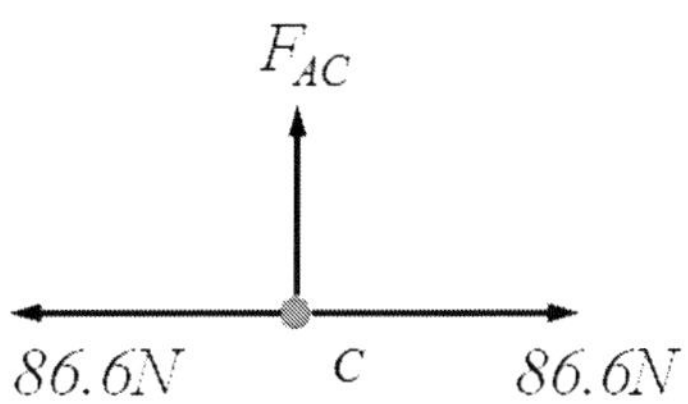

$$\sum F_y = 0 : 50 - F_{AB}\sin 30^\circ = 0$$

$$\rightarrow F_{AB} = \frac{50}{\sin 30^\circ} = 100\,\text{N}(\text{압축})$$

$$\sum F_x = 0 : F_{BC} - F_{AB}\cos 30^\circ = 0$$

$$\rightarrow F_{BC} = F_{AB}\cos 30^\circ = 100 \times \cos 30^\circ = 86.6\,\text{N}(\text{인장})$$

여기에서 트러스 구조물과 하중이 대칭 형상으로 되어 있기 때문에,

$$F_{AD} = F_{AB} = 100\,\text{N}(\text{압축})$$
$$F_{BC} = F_{CD} = 86.6\,\text{N}(\text{인장})$$

다음으로 C점에 대해 적용하면,

$$\sum F_y = 0 : F_{AC} = 0$$

이와 같이 각 핀에 평형조건을 적용하면 트러스를 구성하는 모든 링크에 발생하는 내력의 크기와 방향을 계산할 수 있다.

2. 트러스 구조물에 대한 자유물체도를 그리면 다음과 같다.

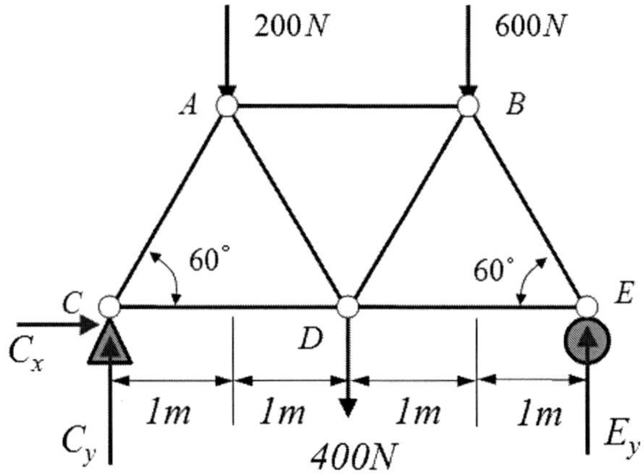

자유물체도에 대해 평형조건을 적용하면,

$$\sum F_x = 0:\ C_x = 0$$
$$\sum F_y = 0:\ C_y + E_y - 200 - 400 - 600 = 0 \ \rightarrow\ C_y + E_y = 1200$$
$$\sum M_C = 0:\ E_y \times 4 - 200 \times 1 - 400 \times 2 - 600 \times 3 = 0 \ \rightarrow\ E_y = 700\,\mathrm{N}$$
$$\rightarrow\ C_y = 1200 - E_y = 500\,\mathrm{N}$$

여기서 트러스를 구성하는 각 링크에 발생하는 내력을 계산하기 위해 A점/B점/C점/E점의 핀에 대한 질점 평형조건을 적용한다. 먼저 C점에 대해 적용하면,

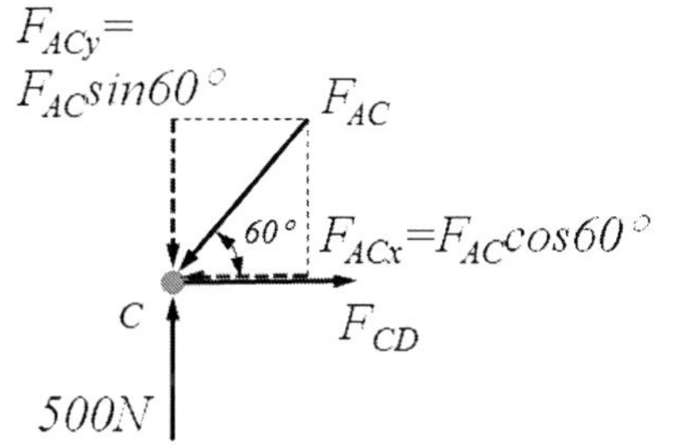

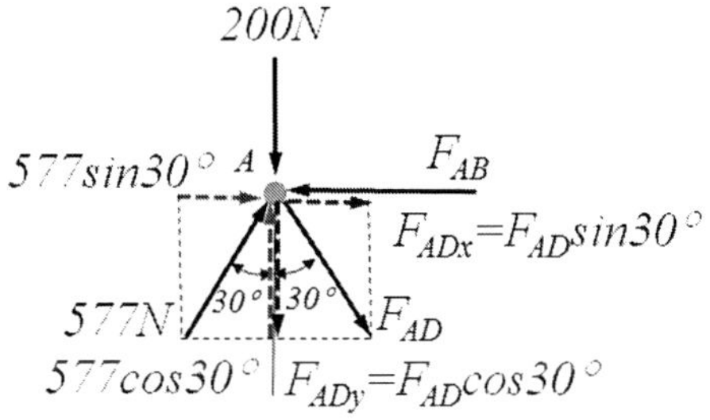

$$\sum F_y = 0:\ 500 - F_{AC}\sin 60^\circ = 0$$
$$\rightarrow\ F_{AC} = \frac{500}{\sin 60^\circ} = 577\,\mathrm{N}(\text{압축})$$
$$\sum F_x = 0:\ F_{CD} - F_{AC}\cos 60^\circ = 0$$
$$\rightarrow\ F_{CD} = F_{AC}\cos 60^\circ = 577 \times \cos 60^\circ = 289\,\mathrm{N}(\text{인장})$$

C점에서 구한 결과를 가지고 A점에 적용하면,

$$\sum F_y = 0:\ 577\cos 30^\circ - 200 - F_{AD}\cos 30^\circ = 0$$
$$\rightarrow\ F_{AD} = \frac{577\cos 30^\circ - 200}{\cos 30^\circ} = 346\,\mathrm{N}(\text{인장})$$
$$\sum F_x = 0:\ 577\sin 30^\circ - F_{AB} + F_{AD}\sin 30^\circ = 0$$
$$\rightarrow\ F_{AB} = 577\sin 30^\circ + 346\sin 30^\circ = 462\,\mathrm{N}(\text{압축})$$

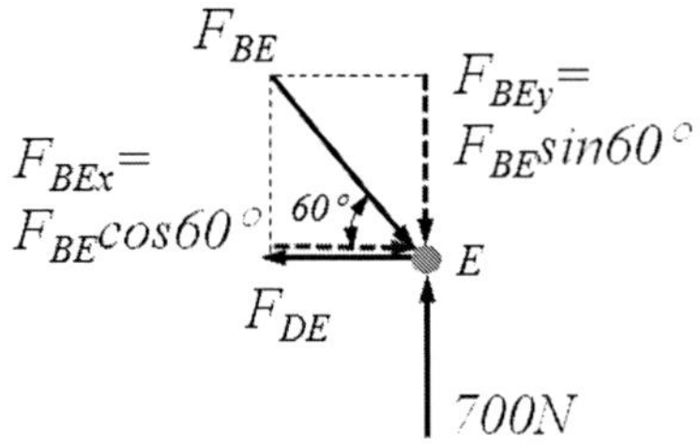

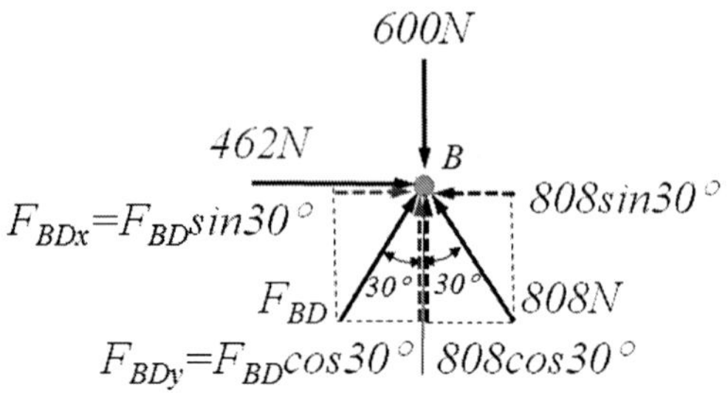

이번에는 E점에 대해 적용하면,

$$\sum F_y = 0 : 700 - F_{BE}\sin 60° = 0$$

$$\rightarrow F_{BE} = \frac{700}{\sin 60°} = 808\,\mathrm{N}(\text{압축})$$

$$\sum F_x = 0 : -F_{DE} + F_{BE}\cos 60° = 0$$

$$\rightarrow F_{DE} = F_{BE}\cos 60° = 808 \times \cos 60° = 404\,\mathrm{N}(\text{인장})$$

E점에서 구한 결과를 가지고 B점에 적용하면,

$$\sum F_y = 0 : 808\cos 30° - 600 + F_{BD}\cos 30° = 0$$

$$\rightarrow F_{BD} = \frac{600 - 808\cos 30°}{\cos 30°} = -115\,\mathrm{N}(\text{인장})$$

이와 같이 각 핀에 평형조건을 적용하면 트러스를 구성하는 모든 링크에 발생하는 내력의 크기와 방향을 계산할 수 있다.

5장

분포력 문제

5.1 선 및 면중심

5.1 선 및 면중심

아래 그림과 같이 회전중심으로부터 동일한 거리에 떨어져있는 두 개의 분동을 생각해보자. 위쪽에 있는 분동은 작고 중력의 크기가 10N이며 아래쪽에 있는 분동은 크고 중력의 크기가 100N이다. 이와 같이 상하 정지한 상태에서 외력을 가하여 두 개의 분동이 움직이도록 할 때 시간이 지나면 어떤 일이 벌어질까? 이미 예측했겠지만 모멘트 평형조건에 의해 힘을 가한 반대 방향으로 운동하면서 차츰 원래 상태로 돌아가게 될 것이다. 그 이유는 두 개의 분동에 대한 무게중심이 회전중심 위치보다 아래에 있기 때문이다. 이와 같이 무게 중심을 구하는 것은 그 물체에 외력을 가했을 때 어떤 운동을 할 것이지, 혹은 안정된 상태로 돌아올 것인지 예측하는 데 있어서 중요한 문제이다.

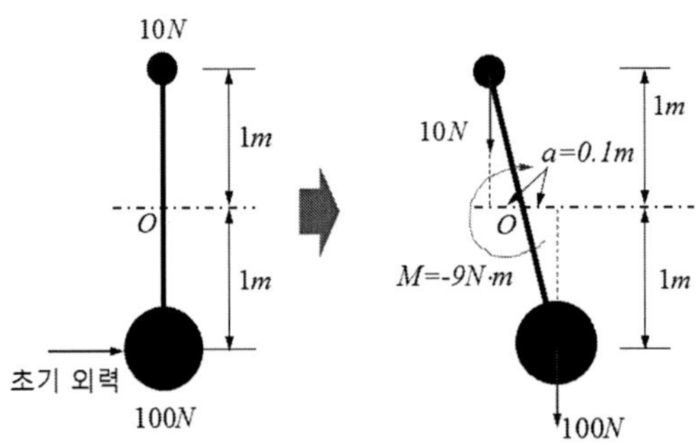

$$\sum M_o = -100a + 10a = -9N \cdot m$$

외력을 가해도 시계방향 모멘트가 발생하여 원래 상태로 돌아가 안정 상태를 계속 유지함

오뚝이라는 장난감을 본 적이 있는가? 제대로 서 있는 오뚝이에 힘을 가해 넘어뜨리려고 해도 시간이 지나면 오뚝이는 원래의 자세로 돌아온다. 그 이유는 오뚝이의 무게중심이 형상의 중심보다 아래에 있기 때문이다. 오뚝이 외에도 무게중심을 이용한 장난감 및 제품은 우리 주위에서 흔하게 볼 수 있다. 또 자동차와 비행기와 같이 움직이는 물체들도 무게중심에 따라 넘어지기도 하고 원래 자세를 유지하기도 한다. 그러므로 무게중심을 구하는 것은 물체의 움직임을 파악하는 데 있어 매우 중요한 문제이다.

특별한 경우를 제외하고 대부분의 물체는 형상이 복잡할 뿐 아니라 부분마다 재료의 종류가 다르고 형상이 제각각이다. 다시 말해 대부분의 물체는 내부가 균일하지 못하다. 이런 경우에는 무게중심을 구하는 과정이 복잡하고 어렵다. 그러나 만일 형상이 간단하고 부분마다 모두 재질이 동일하다면 무게중심을 구하는 과정은 간단하다. 여기에서는 형상이 간단하고 재질이 동일한 물체의 무게중심 또는 선과 면의 중심을 구하는 과정을 익힘으로써 무게중심을 구하는 원리를 고려해보고자 한다.

무게중심은 물체의 덩어리에서 나오는 체적력의 작용점이 가해지는 위치이다. 일반적으로 물체의 무게중심을 구하는 방법은 복잡하지만, 여기에서는 간단한 문제를 다룰 것이며, 특별히 3차원으로 복잡한 문제가 아닌 평면상 간단한 문제로 무게중심을 구하는 원리를 살펴보고자 한다. 간단한 문제를 이해할 수 있다면 복잡한 문제 역시 원리는 동일하고 계산이 복잡할 뿐이므로, 계산이 복잡한 문제는 컴퓨터의 도움을 받아 문제를 해결하면 된다. 무게중심을 계산하는 기본 원리는 '물체의 무게와 무게중심까지의 거리를 곱한 것은 물체를 구성하는 각 부분의 무게와 각 부분의 무게중심까지 거리를 곱한 것을 합한 것과 동일하다'고 정의할 수 있다. 이러한 원리를 쉽게 이해할 수 있도록 아래 그림과 같은 문제를 생각해보자.

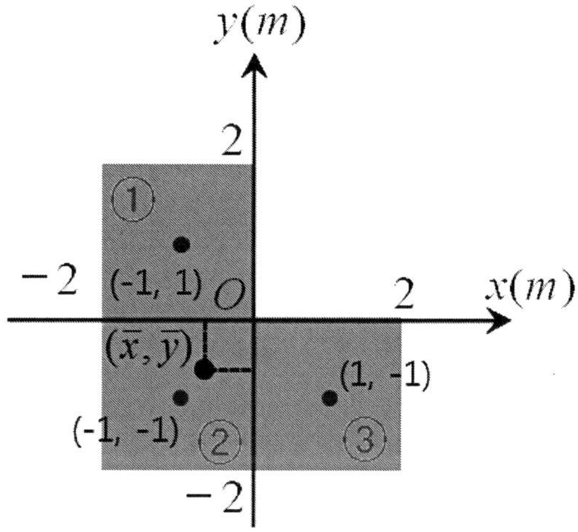

위의 'ㄴ'자 물체의 전체 무게중심을 구하기 위해 이미 무게중심(면중심)을 알고 있는 정사각형 3개로 물체를 나누어 생각하면 편리하다. 정사각형 3개의 면적 및 면중심을 이용하여 전체 물체의 면중심을 구할 수 있다. 위에서 설명한 면중심을 구하는 원리를 이 문제에 적용하면 다음과 같다.

전체 도형 면적 × 중심 거리 = (각 도형 면적 × 각 도형 중심 거리)를 다 더한 값

이러한 원리를 적용하여 전체 도형의 면중심을 구해보자. 일단 물체의 재질은 동일하고 두께도 동일하다고 하면 면중심은 무게중심과 동일하다. 그러므로 면중심을 구하는 것은 무게중심을 계산하는 것과 동일하므로 면중심을 계산해보도록 한다.

$$(2\times2+2\times2+2\times2)\times\bar{x}=2\times2\times(-1)+2\times2\times(-1)+2\times2\times(+1)$$

$$\rightarrow\ \bar{x}=\bar{y}=\frac{\sum(\text{부분 도형 면적}\times\text{부분 도형 중심거리})}{\text{전체 도형 면적}}$$

$$=\frac{2\times2\times(-1)+2\times2\times(-1)+2\times2\times(+1)}{(2\times2+2\times2+2\times2)}=-0.333\,\text{m}$$

이러한 원리를 식으로 정리하면 다음과 같이 표현할 수 있다.

$$\overline{x_{면적}} = \frac{\sum A_i \times \overline{x_i}}{A},\ \overline{y_{면적}} = \frac{\sum A_i \times \overline{y_i}}{A} \quad \text{(식 5–1)}$$

여기서 A는 전체 면적이고 A_i는 각 도형의 면적이며 $\overline{x}_i$, $\overline{y}_i$는 각 도형의 면적중심의 x 및 y-좌표이다. 면적중심에 대한 이러한 식은 다음과 같이 선중심과 무게중심, 부피중심에 관한 식으로 확장할 수 있다.

$$\overline{x_{길이}} = \frac{\sum L_i \times \overline{x_i}}{L},\ \overline{y_{길이}} = \frac{\sum L_i \times \overline{y_i}}{L} \quad \text{(식 5–2)}$$

$$\overline{x_{부피}} = \frac{\sum V_i \times \overline{x_i}}{V},\ \overline{y_{부피}} = \frac{\sum V_i \times \overline{y_i}}{V} \quad \text{(식 5–3)}$$

$$\overline{x_{무게}} = \frac{\sum W_i \times \overline{x_i}}{W},\ \overline{y_{무게}} = \frac{\sum W_i \times \overline{y_i}}{W} \quad \text{(식 5–4)}$$

여기서 L은 길이, V는 부피, W는 무게를 의미한다. 각각의 중심을 구하는 방법은 면적중심과 동일하지만, 다루는 대상이 다를 뿐이다. 이를 확인하기 위해 다음과 같은 철사의 선중심을 구하는 사례를 다루어보자.

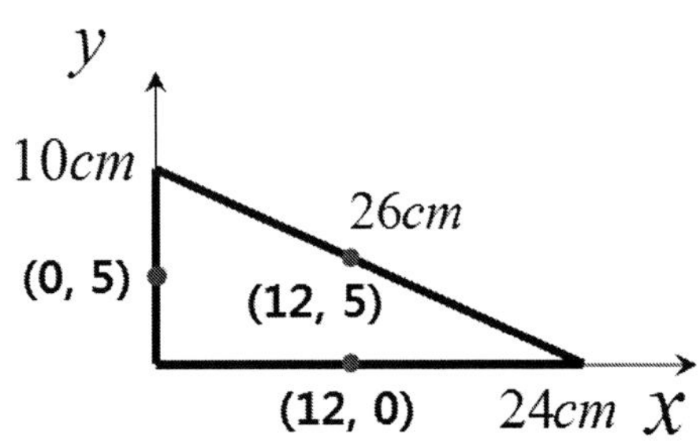

선중심을 구하는 수식을 이용하여 선중심 좌표를 계산하면,

$$\overline{x} = \frac{\sum L_i \times \overline{x_i}}{L} = \frac{10\times0+24\times12+26\times12}{10+24+26} = 10\text{cm}$$

$$\overline{y} = \frac{\sum L_i \times \overline{y_i}}{L} = \frac{10\times5+24\times0+26\times5}{10+24+26} = 3\text{cm}$$

면중심을 구할 때 많이 사용하는 도형은 직각사각형, 원, 삼각형이다. 직각사각형이나 원의 중심은 직관적으로 쉽게 알 수 있지만 삼각형의 면중심 좌표는 직관적으로 알기 어렵다. 그러므로 여기에서는 중, 고등학교 시절 배웠던 내용을 활용하여 계산할 것이다.

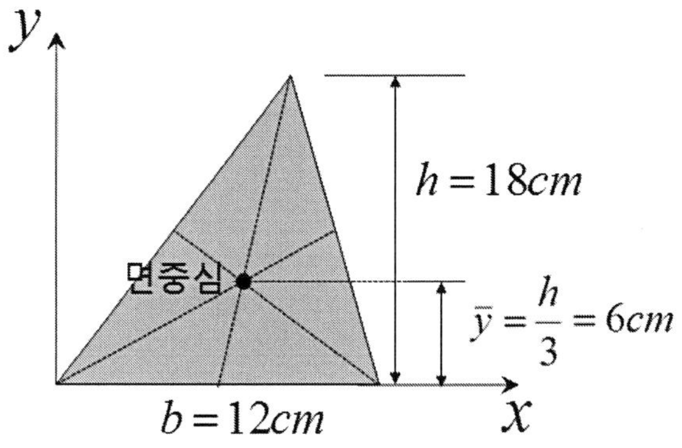

삼각형의 면중심의 위치는 밑변에서 꼭지점까지 거리의 1/3 위치에 있다. 이것을 다르게 표현하면 삼각형 꼭지점에서 밑변까지 거리의 2/3 위치에 있다고 말할 수도 있다. 이를 이용하여 삼각형이 포함된 도형의 선중심과 면중심을 구하는 예제를 다루어보자.

■ 예제 1 ■

아래 도형의 선중심과 면중심을 구하라.

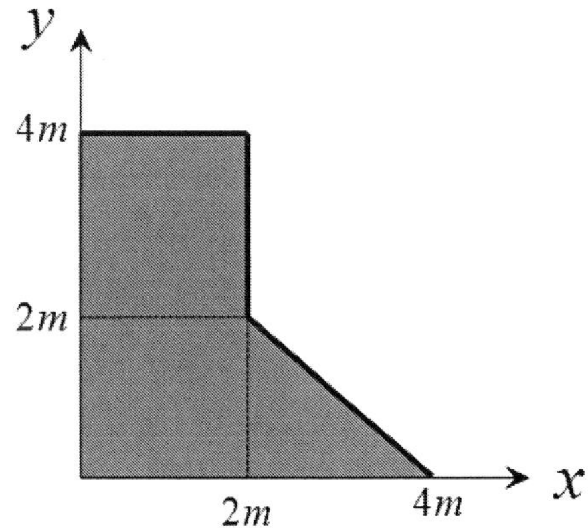

■ 풀이 ■

도형을 둘러싼 선중심을 구하기 위해서 다음과 같이 선을 5개로 나누어 계산하면 편리하다.

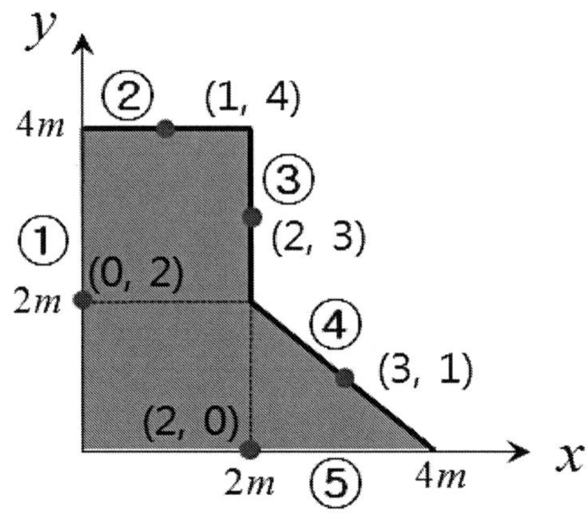

$$\bar{x} = \frac{\sum L_i \times \bar{x_i}}{L} = \frac{4\times0+2\times1+2\times2+2\sqrt{2}\times3+4\times2}{4+2+2+2\sqrt{2}+4} = 1.52\text{m}$$

$$\bar{y} = \frac{\sum L_i \times \bar{y_i}}{L} = \frac{4\times2+2\times4+2\times3+2\sqrt{2}\times1+4\times0}{4+2+2+2\sqrt{2}+4} = 1.67\text{m}$$

면중심을 구하기 위해서는 면을 직사각형과 삼각형으로 나누어 계산하면 편리하다.

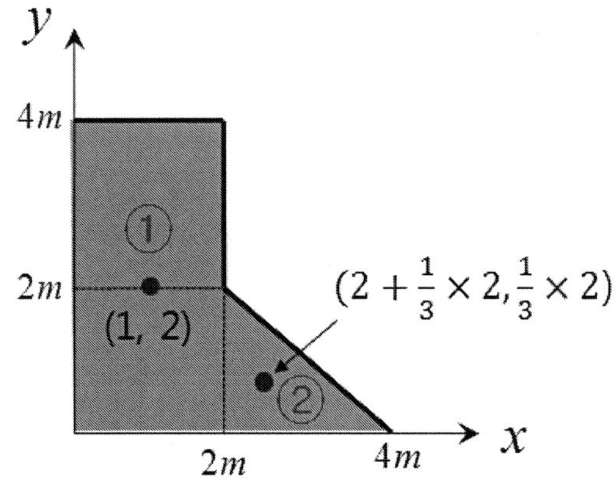

$$\bar{x} = \frac{\sum A_i \times \bar{x_i}}{A} = \frac{2\times4\times1+\frac{1}{2}\times2\times2\times(2+\frac{1}{3}\times2)}{2\times4+\frac{1}{2}\times2\times2} = 1.33\text{m}$$

$$\bar{y} = \frac{\sum AL_i \times \bar{y_i}}{A} = \frac{2\times4\times2+\frac{1}{2}\times2\times2\times(\frac{1}{3}\times2)}{2\times4+\frac{1}{2}\times2\times2} = 1.73\text{m}$$

위의 선중심과 면중심을 계산한 결과를 관찰해보면 선중심과 면중심은 서로 다르게 계산된다는 것을 알 수 있다.

연습문제

1. 아래 그림과 같은 도형의 선중심과 면중심을 구하여라.

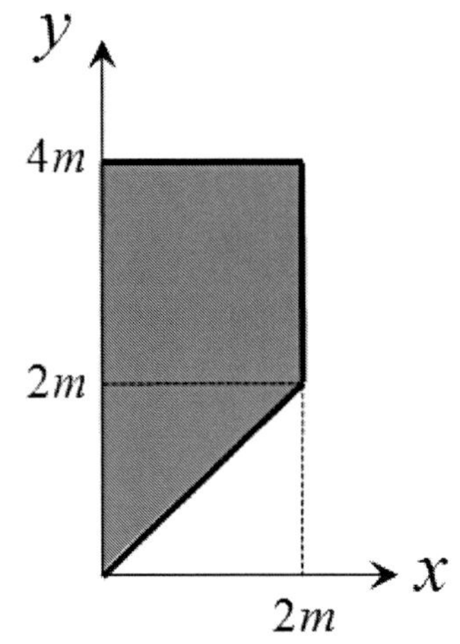

2. 아래 왼쪽 그림의 면중심을 구한 후, 이를 이용하여 오른쪽 그림과 같은 보의 지지점에 발생하는 반력의 크기를 구하여라.

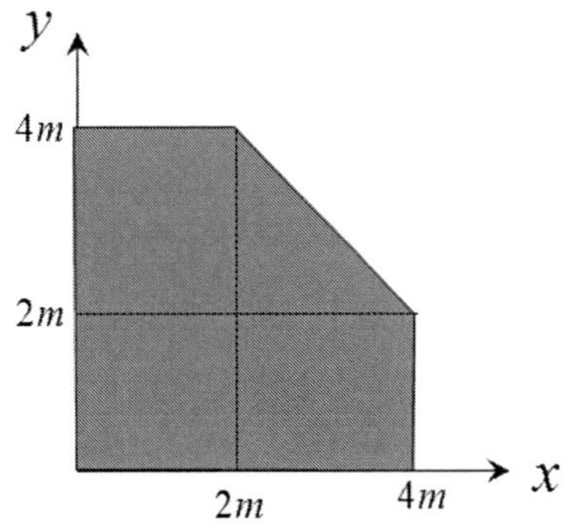

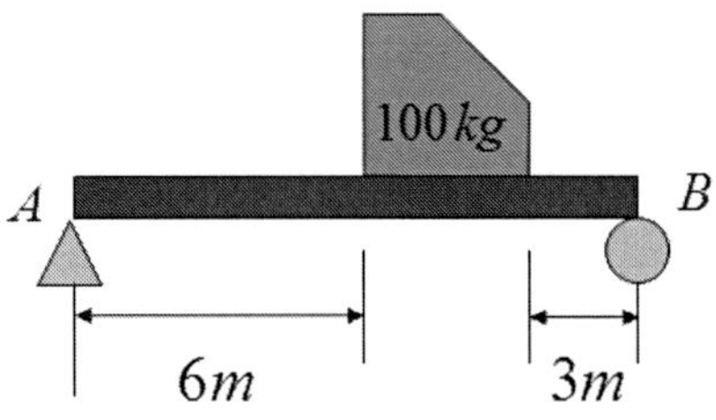

연습문제 풀이

1. 도형을 둘러싼 선중심을 구하기 위해 다음과 같이 선을 4개로 나누어 계산하면 편리하다.

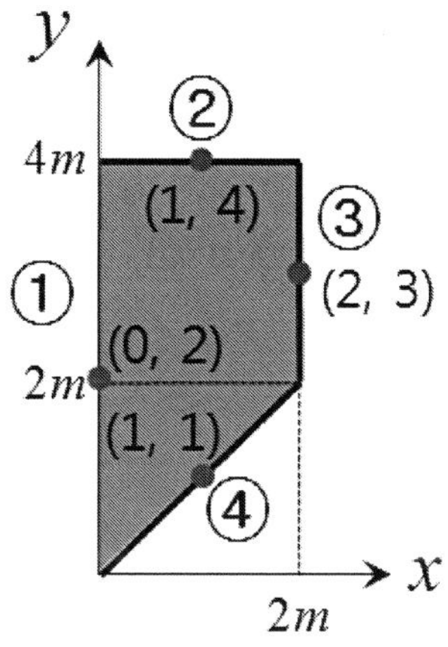

$$\bar{x} = \frac{\sum L_i \times \bar{x_i}}{L} = \frac{4\times0+2\times1+2\times2+2\sqrt{2}\times1}{4+2+2+2\sqrt{2}} = 0.815\text{m}$$

$$\bar{y} = \frac{\sum L_i \times \bar{y_i}}{L} = \frac{4\times2+2\times4+2\times3+2\sqrt{2}\times1}{4+2+2+2\sqrt{2}} = 2.29\text{m}$$

면중심을 구하기 위해서는 면을 정사각형과 삼각형으로 나누어 계산하면 편리하다.

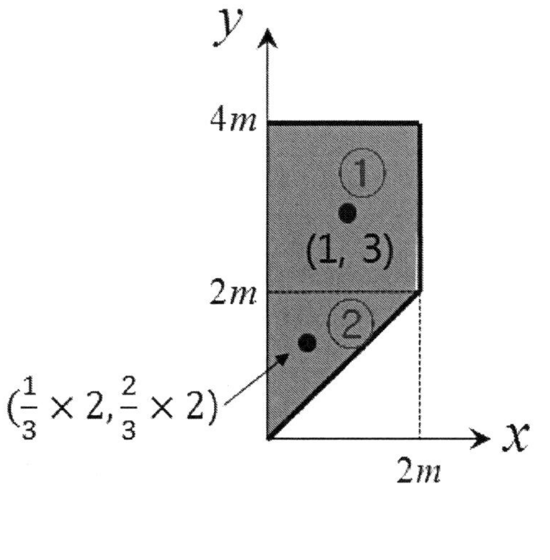

$$\bar{x} = \frac{\sum A_i \times \overline{x_i}}{A} = \frac{2\times2\times1 + \frac{1}{2}\times2\times2\times(\frac{1}{3}\times2)}{2\times2 + \frac{1}{2}\times2\times2} = 0.889\text{m}$$

$$\bar{y} = \frac{\sum AL_i \times \overline{y_i}}{A} = \frac{2\times2\times3 + \frac{1}{2}\times2\times2\times(\frac{2}{3}\times2)}{2\times2 + \frac{1}{2}\times2\times2} = 2.44\text{m}$$

2. 도형의 면중심(무게중심)을 구하기 위해 다음과 같이 면을 3개로 나누어 계산하면 편리하다.

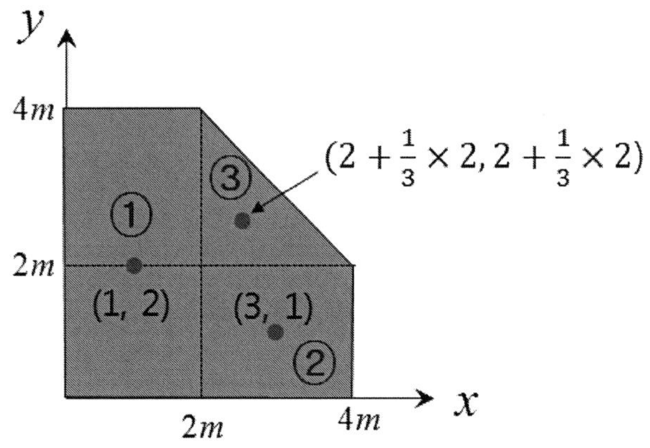

$$\bar{x} = \frac{\sum A_i \times \overline{x_i}}{A} = \frac{2\times4\times1 + 2\times2\times3 + \frac{1}{2}\times2\times2\times(2 + \frac{1}{3}\times2)}{2\times4 + 2\times2 + \frac{1}{2}\times2\times2} = 1.81\text{m}$$

$$\bar{y} = \frac{\sum AL_i \times \overline{y_i}}{A} = \frac{2\times4\times2 + 2\times2\times1 + \frac{1}{2}\times2\times2\times(2 + \frac{1}{3}\times2)}{2\times4 + 2\times2 + \frac{1}{2}\times2\times2} = 1.81\text{m}$$

이 결과를 이용하여 보 문제를 해결하려면 자유물체도를 먼저 그려야 하므로 다음과 같이 보 문제로 변환하여 자유물체도를 그리면,

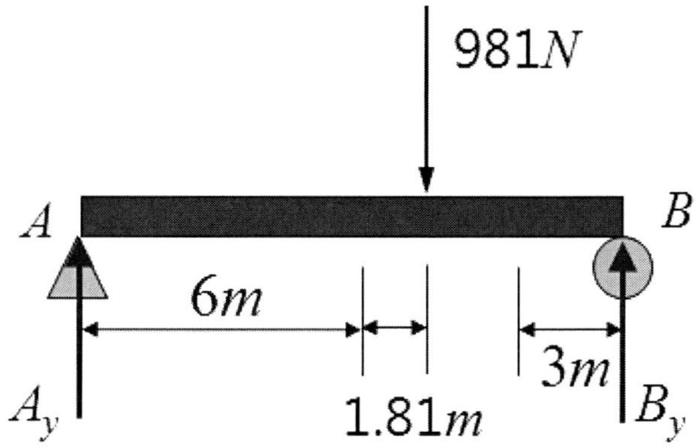

A점에서 x-방향 지지점 반력은 0이므로 표시하지 않았다. 위에서 그린 자유물체도에서 외력과 지지점 반력에 대하여 평형조건을 적용하면,

$$\sum F_y = 0: A_y + B_y - 981 = 0 \rightarrow A_y + B_y = 981$$
$$\sum M_A = 0: B_y \times 13 - 981 \times 7.81 = 0 \rightarrow B_y = \frac{981 \times 7.81}{13} = 589\,\mathrm{N}$$
$$\rightarrow A_y = 981 - 589 = 392\,\mathrm{N}$$

6장

운동학

6.1 병진운동

6.2 변위와 움직인 거리

6.3 속도와 가속도

6.4 등가속도 운동

6.5 자유낙하 운동

6.6 포물선 운동

6.1 병진운동

운동학은 동역학의 일부분으로서 물체의 변위, 움직인 거리, 속도, 가속도를 다루는 학문이다. 운동학에서 다루는 운동의 종류는 크게 직선운동과 곡선운동으로 나눌 수 있는데, 직선운동의 대표적인 운동이 병진운동이다. 병진운동은 운동하고 있는 물체가 회전 없이 직선 평행운동을 하는 것을 말한다.

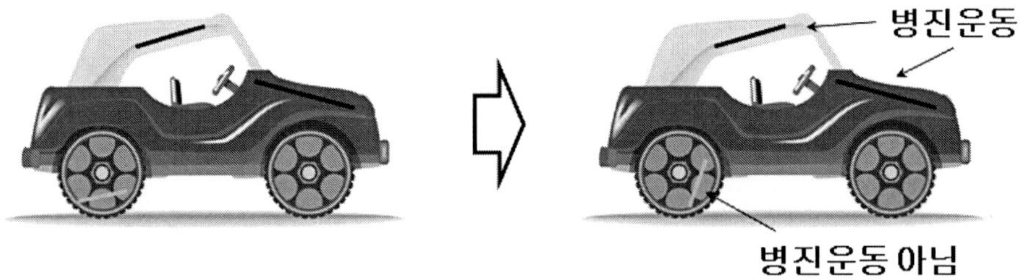

병진운동에 대한 사례 설명

병진운동의 정의로부터 다음 사항을 알 수 있다. 즉, 병진운동을 하는 물체는 물체 내의 어떤 한 점의 운동을 알기만 하면 나머지 전체의 운동을 알 수 있다는 것이다. 이런 이유로 인해 병진운동은 질점의 운동으로 취급하여 문제를 해결할 수 있다.

■ 예제 1 ■

아래 그림과 같은 삼각형 모양의 강판이 가장 가까운 거리로 병진운동을 하여 O점의 위치가 (5,-8)로 이동하였다. 이때 A점과 B점의 위치를 구하고, 움직인 거리를 구하여라.

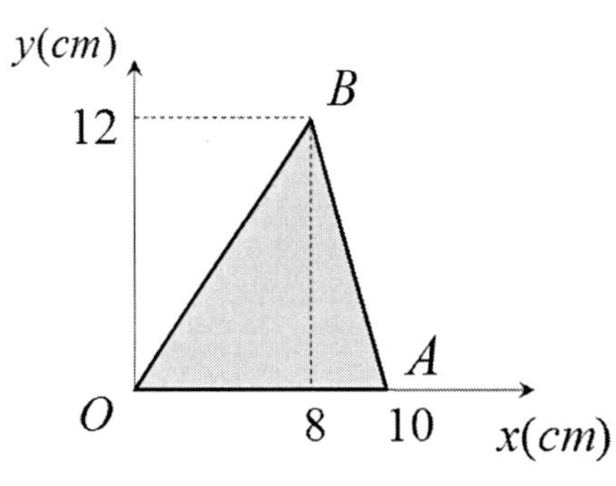

■ 풀이 ■

강판이 병진운동을 하므로 질점의 운동으로 생각하여 A/B점의 위치를 구하면 된다.

$$A\text{점} : (10, 0) \rightarrow (10+5, 0-8) = (15, -8)$$
$$B\text{점} : (8, 12) \rightarrow (8+5, 12-8) = (13, 4)$$

A/B점의 움직인 거리는 O점의 움직인 거리와 동일하므로 한 번에 구할 수 있다.

$$\text{움직인 거리} = \sqrt{x^2+y^2} = \sqrt{5^2+(-8)^2} = 9.43\text{cm}$$

여기서 움직인 거리는 대각선(가장 짧은 직선거리)으로 움직였다고 가정하고 푼 결과이다.

6.2 변위와 움직인 거리

물체가 병진운동을 하든지 회전운동을 하든지 처음 위치에 대비하여 나중 위치가 변하였다고 하면 위치 이동이 발생한 것인데, 위치 이동을 표시하는 것이 변위이다. 그러므로 변위는 처음 위치에서 어떤 과정을 거쳐 나중 위치로 이동했는가에 관심을 갖지 않는다. 반면 움직인 거리는 처음 위치에서 나중 위치로 어떤 경로를 거쳐 이동한 것인지 관심을 갖고 이동한 거리를 모두 고려한 것을 말한다. 예를 들어 아래 그림과 같은 어떤 학교의 캠퍼스를 생각해보자.

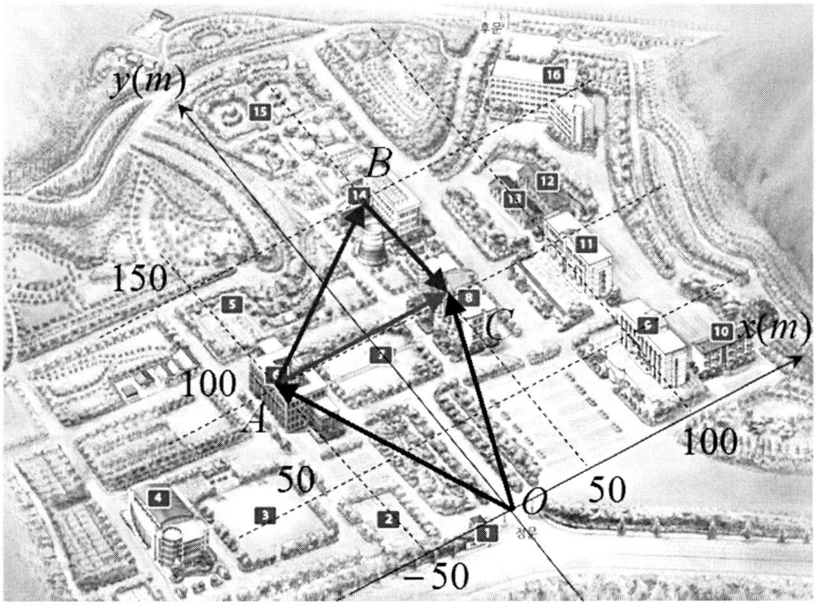

위의 그림처럼 어떤 학생이 A건물에서 C건물로 이동한다고 해보자. 이동 방법에는 B건물을 거쳐 C건물로 가는 경우와 바로 C건물로 가는 경우 2가지가 있는데, 둘 다 출발점과 도착점은 동일하지만 그 과정에 차이점이 있다는 것을 알 수 있다. 또 둘 다 변위는 동일하지만, A건물에서 C건물로 바로 가는 경우에 비해 A건물에서 B건물을 거쳐 C건물로 가는 경우 움직인 거리가 더 많다는 것을 알 수 있다.

앞서 우리는 스칼라와 벡터를 배웠다. 변위는 벡터, 움직인 거리는 스칼라에 해당된다. 변위는 벡터이므로 크기와 방향을 표시해야 하는데, 간단히 좌표로 표시할 수 있다. 움직인 거리는 스칼라이므로 크기만 나타내면 된다. 이와 같은 벡터와 스칼라의 개념을 적용하여 A건물에서 C건물로 이동하는 두 가지 상황을 표시해보자. 먼저 변위를 표시한다면 두 가지 상황 모두 최종점은 (50, 100)이고 출발점은 (-50, 100)이다. 그러므로 최종점의 좌표에서 출발점의 좌표를 빼면,

$$\text{변위} = (50-(-50), 100-100) = (100, 0)$$

이에 비해 움직인 거리는 두 가지 상황이 서로 다르다. A건물에서 C건물로 바로 이동하는 경우에는 움직인 거리가 100m이다. 그러나 A건물에서 B건물을 거쳐 C건물로 갈 때는 움직인 거리를 다음과 같이 계산해야 한다.

$$\text{움직인 거리}_{ABC} = \text{움직인 거리}_{AB} + \text{움직인 거리}_{BC} = \sqrt{100^2+50^2} + 50 = 162\text{m}$$

이와 같이 변위는 출발점과 최종 도착점만 고려하여 크기와 방향을 표시하면 되지만, 움직인 거리는 출발점에서 최종 도착점에 이르는 모든 과정을 고려하여 계산해야 하며, 크기만 계산하면 된다.

■ 예제 2 ■

아래 그림과 같이 분침의 길이가 1m인 큰 시계가 있다. 어떤 시각에서 각각 15, 30, 45분 후 분침 끝의 변위와 움직인 거리를 구하여라.

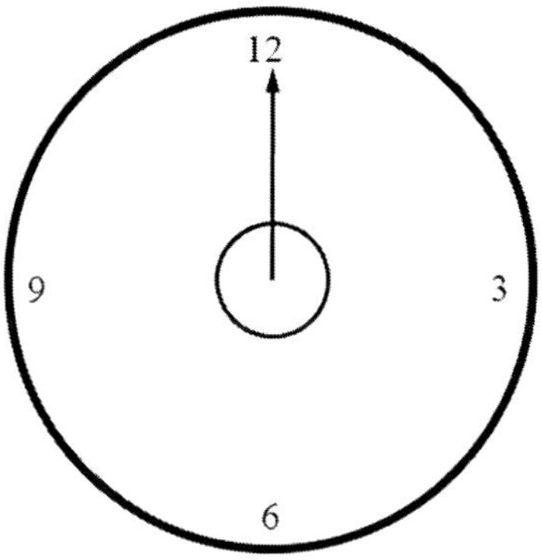

■ 풀이 ■

정각에서 출발한 분침은 15분, 30분, 45분 후에 다음 그림과 같이 움직일 것이다. 변위와 움직인 거리를 각각 표시하였으므로 참조하기 바란다.

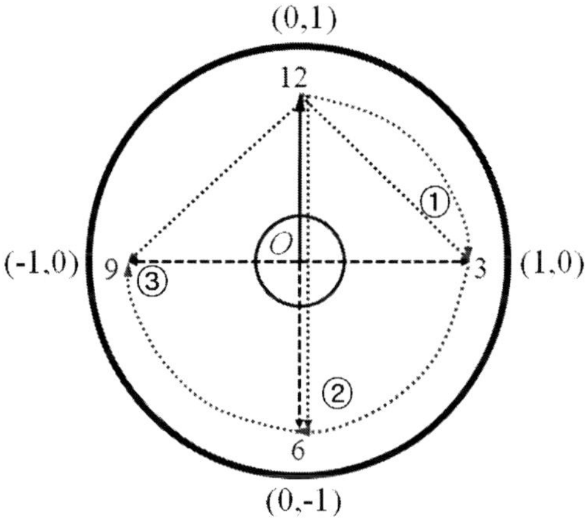

15분, 30분, 45분 후의 변위와 움직인 거리를 계산하면 아래 표와 같이 정리할 수 있다.

분침	분침 이동	변위	움직인 거리
15분	(0, 1) → (1, 0)	(1–0, 0–1) = (1, –1)[m]	$\frac{1}{4}\times 2\pi r = 1.57\mathrm{m}$
30분	(0, 1) → (0, –1)	(0–1, –1–1) = (0, –2)[m]	$\frac{1}{2}\times 2\pi r = 3.14\mathrm{m}$

45분	(0, 1) → (−1, 0)	(−1−0, 0−1) = (−1, −1)[m]	$\frac{3}{4}\times 2\pi r = 4.71\mathrm{m}$

분침이 15분을 가리키는 것은 원의 1/4을 회전한 것이고, 분침이 30분을 가리키는 것은 원의 1/2을 회전한 것이며, 분침이 45분을 가리키는 것은 원의 3/4을 회전한 것이므로 이를 고려하여 움직인 거리를 계산한 것이다.

6.3 속도와 가속도

6.3.1 속도와 속력

속도(velocity)와 속력(speed)은 비슷한 단어지만, 속도는 벡터이고 속력은 스칼라라는 점에서 다르다. 벡터는 크기와 방향을 모두 표시해야 하므로 속도는 크기와 방향을 모두 표시해야 하지만, 스칼라인 속력은 크기만 나타내면 된다. 이를 설명하기 위해 아래 그림과 같은 자동차 주행로를 생각해보자.

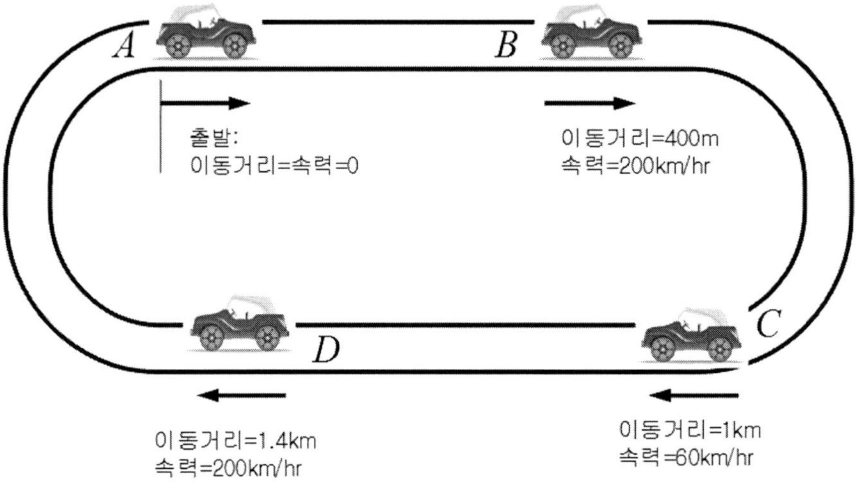

B점과 D점의 속력은 200km/hr로 동일하지만 자동차가 달리는 방향은 반대이다. 그러므로 B점에서의 자동차 속도는 +200km/hr로, D점에서의 자동차 속도는 −200km/hr로 표시하면 된다. 크기는 동일하지만 방향이 (+)와 (-)로 서로 반대방향이라는 것을 알 수 있다. 운동학에서는 속력보다는 속도를 다룸으로써 물체의 움직이는 방향을 함께 표시하는 것을 기본으로 한다. 그러면 속도는 무엇일까? 속도를 간단하게 정의하면 일정한 거리를 이동하는 데 얼마나 많은 시간이 걸렸는지를 나타내는 물리량이다. 이때 물체가 이동하는 모든 순간 속도가 일정하면

등속도 운동이라고 하며, 일반적인 경우에는 매순간 속도가 달라지므로 이를 다음과 같이 미분 형태로 표시한다.

$$v = \frac{ds}{dt} \quad \text{(식 6-1)}$$

여기서 v는 속도, s는 변위, t는 시간이다. 각각의 물리량의 기본 단위를 살펴보면, 속도는 m/sec, 변위는 m, 시간은 sec이다. 여기서 속도가 일정한 등속도 운동의 경우에는 위의 식을 한번 적분하여 다음과 같이 표시할 수 있다.

$$s = vt + s_0 \quad \text{(식 6-2)}$$

여기서 s_0는 출발점의 위치를 나타내는 값이고 속도는 일정한 값을 가진 상수이다.

■ 예제 3 ■

2m/sec의 속도로 등속도 운동을 하는 물체의 초기 위치가 20m라고 한다. 10분이 지났을 때 위치를 계산하라.

■ 풀이 ■

등속도 운동의 변위를 구하는 식을 이용하면,

$$s = vt + s_0 = 2 \times 10 \times 60 + 20 = 1{,}220\text{m} = 1.22\text{km}$$

6.3.2 가속도와 가속력

속도 및 속력의 경우와 비슷하게 가속도(acceleration)는 벡터이고 가속력은 스칼라이다. 그러므로 가속도는 크기와 방향을 표시해야 하고 가속력은 크기만 나타내면 된다. 운동학 문제를 다룰 때 일반적으로 가속도를 사용하므로 이에 준하여 설명할 것이다.

가속도는 물체가 운동할 때 어떤 위치에서 일정 시간 동안 속도가 변화한 정도를 표시하는 물리량이다. 이를 수식으로 표현하면 다음과 같다.

$$a = \frac{dv}{dt} = \frac{d^2s}{dt^2} \quad \text{(식 6-3)}$$

위의 식에서 가속도가 일정하다면 위의 식을 한번 적분하여 다음과 같이 표시할 수 있다.

$$v = at + v_0 \qquad \text{(식 6–4)}$$

여기서 v_0는 출발 당시 속도를 나타내는 값이고 가속도는 일정한 값을 가진 상수이다. 위의 식을 한 번 더 적분하면 변위에 관한 식으로 표현할 수 있다.

$$s = \frac{1}{2}at^2 + v_0 t + s_0 \qquad \text{(식 6–5)}$$

■ 예제 4 ■

자동차의 속도를 나타내는 식은 아래와 같다. 이때, 출발한 지 10초 후의 가속도, 속도, 변위를 구하여라. (단, 처음 출발할 때 변위는 0이다.)

$$v = 6t - 4$$

■ 풀이 ■

주어진 속도에 관한 식을 미분하면 가속도가 되고 적분하면 변위에 관한 식이 된다.

$$a = \frac{dv}{dt} = \frac{d}{dt}(6t-4) = 6$$
$$s = \int (6t-4)dt = 3t^2 - 4t + s_0 = 3t^2 - 4t$$

여기서 시간 t는 10초이므로 이를 대입하여 계산하면,

$$a = 6\,\mathrm{m/sec^2}$$
$$v = 6t - 4 = 6 \times 10 - 4 = 56\,\mathrm{m/sec}$$
$$s = 3t^2 - 4t = 3 \times 10^2 - 4 \times 10 = 260\,\mathrm{m}$$

6.4 등가속도 운동

등가속도 운동은 물체가 운동하는 동안 가속도의 크기가 일정한 운동을 말하며, 자유낙하 운동이 이에 해당된다. 그러나 자유낙하 운동을 제외하고는 임의로 만들지 않으면 실제 경험하

기 어렵다. 하지만 자동차나 오토바이와 같은 동력기를 운전할 때 동력기에 설치된 가속장치(accelerator)를 이용하면 등가속도 운동과 비슷한 운동을 만들어낼 수 있다.

이와 같이 등가속도 운동은 자유낙하 운동이 아니면 일상생활 속에서 경험하기 어렵지만, 등가속도 운동과 비슷한 운동 사례를 만들어낼 수 있으므로 이를 가정하여 다음과 같이 자동차의 등가속도 운동 사례를 고려해보도록 하자.

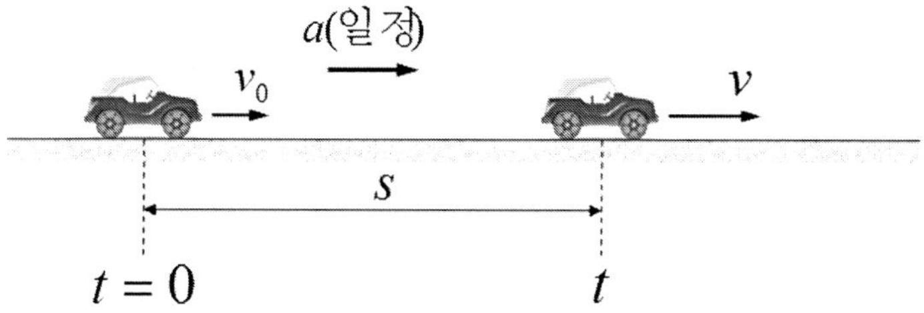

먼저 등가속도 운동에 관한 식을 이용하면,

$$\frac{d^2s}{dt^2}=\frac{dv}{dt}=a(\text{상수})$$

이 식을 한번 적분하면 속도에 관한 식을 구할 수 있고, 두 번 적분하면 변위에 관한 식을 구할 수 있다.

$$v=at+v_0$$
$$s=\frac{1}{2}at^2+v_0t+s_0$$

여기에서 시간이 0일 때 변위도 0이므로 이를 적용하면,

$$s=\frac{1}{2}at^2+v_0t$$

여기서 속도를 한번 미분하면 가속도가 된다는 수식을 이용하면,

$$\frac{dv}{dt}=a \rightarrow a=\frac{v-v_0}{t-0} \rightarrow t=\frac{v-v_0}{a}$$

이 식에서 구한 시간에 관한 식을 변위에 관한 식에 대입하여 정리하면,

$$2as = v^2 - v_0^2 \qquad \text{(식 6-6)}$$

이 식을 적용하기 위해서는 두 가지 조건이 만족되어야 한다. 첫째, 등가속도 운동이어야 하고, 둘째, 초기 변위가 0이어야 한다. 이 두 가지 조건이 만족된다면 위의 식을 이용하여 문제를 쉽게 해결할 수 있을 것이다.

■ 예제 5 ■

60km/h로 달리는 자동차에 급제동을 걸어 50m 이내에서 정지시키려면 가속도를 얼마로 해야 하는가? 또 정지할 때까지 걸리는 시간은 얼마인가?

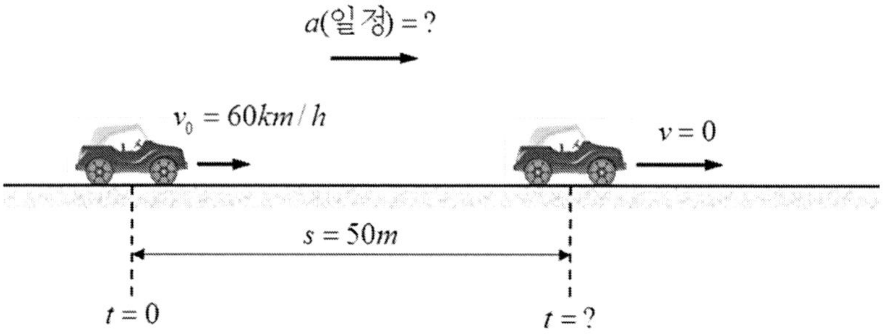

■ 풀이 ■

이 문제는 등가속도 운동이며 초기 변위가 0이므로 이에 해당되는 수식을 적용하여 문제를 풀면,

$$2as = v^2 - v_0^2 \rightarrow a = \frac{v^2 - v_0^2}{2s} = \frac{0^2 - 16.7^2}{2 \times 50} = -2.79\text{m/sec}^2$$

여기서 초기 속도 v_0는 다음과 같은 과정으로부터 계산되었다.

$$v_0 = 60\text{km/hr} = \frac{60 \times 1000}{60 \times 60} = 16.7\text{m/sec}$$

가속도를 계산하였으므로 가속도와 시간 t에 관한 식을 적용하면,

$$t = \frac{v - v_0}{a} = \frac{0 - 16.7}{-2.79} = 5.99\text{sec}$$

그러므로 시속 60km/hr에서 자동차에 브레이크를 밟을 경우 약 6초 후에 제동거리 50m에서 정지된다는 것을 알 수 있다.

6.5 자유낙하 운동

앞서 말했듯이 우리가 일상생활에서 자연스럽게 경험할 수 있는 유일한 등가속도 운동이 자유낙하 운동이다. 자유낙하 운동은 지구 위에 있는 물체가 중력에 의해 지구 표면으로 떨어지는 운동으로 중력가속도 9.81m/sec^{2}의 등가속도 값을 지니는 운동이다.

자유낙하 운동의 사례 : 번지점프

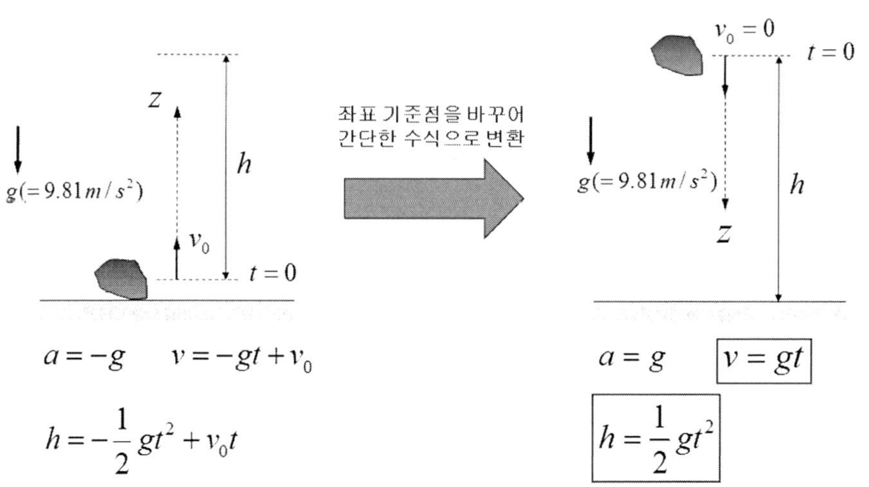

자유낙하 운동을 분석하는 일반적인 방법은 두 가지이며 이를 비교하여 설명하기 위해 위의 그림을 살펴보자. 위의 그림에서 좌측 그림은 자유낙하 운동을 분석하기 위해 좌표의 기준을 지표면으로 둔 것이고, 우측 그림은 좌표의 기준을 물체가 최고점에 도달한 점으로 둔 것이다. 각각의 좌표 기준에 따라 가속도, 속도, 높이(변위)를 유도한 결과 지표면을 기준점으로 정한 경우 복잡한 수식이 유도되었으나 물체의 최고 도달점을 기준으로 하였을 때 훨씬 간단한 수식이 유도되었다. 그러므로 자유낙하 운동을 간단하게 분석할 수 있도록 지금부터 물체가 도달할 수 있는 최고점을 좌표 기준점으로 한 다음 아랫방향으로 좌표 방향을 잡아 유도한 수식을 활용하여 문제를 해결하도록 할 것이다.

$$v = gt \qquad \text{(식 6–7)}$$

$$h = \frac{1}{2}gt^2 \qquad \text{(식 6–8)}$$

■ 예제 6 ■

위로 던져 올린 물체가 있다. 지면에서 291m의 높이를 통과한 후 다시 이 점을 통과하는 데 4초가 걸렸다. 물체의 초속과 도달 높이를 구하라.

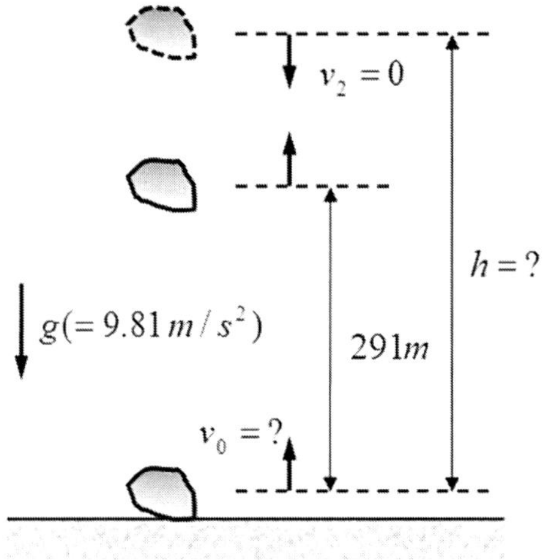

■ 풀이 ■

이 문제에서 위로 던져 올린 물체가 291m 지점을 지나 최고 높이에 도달한 후 다시 291m 지점을 지날 때까지 4초가 걸렸으므로, 최고 높이에서 떨어지기 시작하여 291m 지점을 지나는 데에는 2초가 걸릴 것이라는 점을 적용하면,

$$h_1 = \frac{1}{2}gt^2 = \frac{1}{2} \times 9.81 \times 2^2 = 19.6\text{m}$$

이 결과를 이용하여 전체 높이를 구하면,

$$h = 291 + h_1 = 291 + 19.6 = 311\text{m}$$

그러므로 최고 높이 311m에서 지표면에 떨어지는 데 걸리는 시간을 계산하면,

$$h = \frac{1}{2}gt^2 \rightarrow 311 = \frac{1}{2}\times 9.81 \times t^2 \rightarrow t = \sqrt{\frac{2\times 311}{9.81}} = 7.96\text{sec}$$

이를 이용하여 물체를 던져 올릴 때의 초기 속도를 구할 수 있는데, 초기 속도는 최고 높이에서 떨어뜨릴 때 지표면에 도달하는 순간의 속도와 동일하므로,

$$v = gt = 9.81 \times 7.96 = 78.1\text{m/sec}$$

6.6 포물선 운동

포물선 운동은 우리의 일상생활에서 자주 만날 수 있는 운동이다. 예를 들어 농구공을 들고 슛을 던지면 농구공은 포물선 운동을 그리면서 골대를 향해 날아간다. 이처럼 축구공, 야구공, 배구공 등 공을 이용한 운동 경기에서 포물선 운동을 관찰하기는 쉽다. 또한 대포를 쏘아 멀리 위치한 적의 부대를 공격할 때도 대포알은 포물선 운동을 하며 날아가고, 호스를 이용하여 수돗물을 논이나 밭에 뿌릴 때도 물줄기에서 포물선 운동을 관찰할 수 있다.

이와 같이 우리의 일상생활에서 자주 경험할 수 있는 포물선 운동은 어떻게 일어나는 것일까? 포물선 운동을 유심히 관찰해보면, 수직방향으로는 등가속도 운동(자유낙하 운동)이고 수평방향으로는 등속도 운동이라는 것을 알 수 있다. 여기서 수평방향 등속도 운동은 일종의 가정으로 물체의 운동에 대한 공기의 저항이 매우 적다는 것을 상기한다면 이해할 수 있는 부분이다.

포물선 운동의 사례

그러므로 포물선 운동을 분석할 때는 수직방향과 수평방향으로 구분하여 문제를 해결하면 된다. 포물선 운동의 수직방향 운동은 자유낙하 운동(등가속도 운동)이므로 앞에서 정리한 방법을 적용하면 된다. 반면 수평방향 등속도 운동에 대해서는 지금부터 간단하게 정리해볼 필요성이 있다.

등속도 운동은 운동하는 물체의 속도가 일정하기 때문에 다음과 같은 수식을 적용할 수 있다.

$$v = v_0 \tag{식 6-9}$$

$$s = v_0 t + s_0 \tag{식 6-10}$$

위의 수식에서 s_0은 초기 변위가 0이라면 아래와 같이 더 간단하게 정리할 수 있다.

$$s = v_0 t \tag{식 6-11}$$

이와 같이 수직방향으로는 자유낙하 운동을, 수평방향으로는 등속도 운동을 포물선 운동 해석에 적용하면 된다. 일반적으로 적용하는 포물선 운동 해석방법은 아래 그림과 같다.

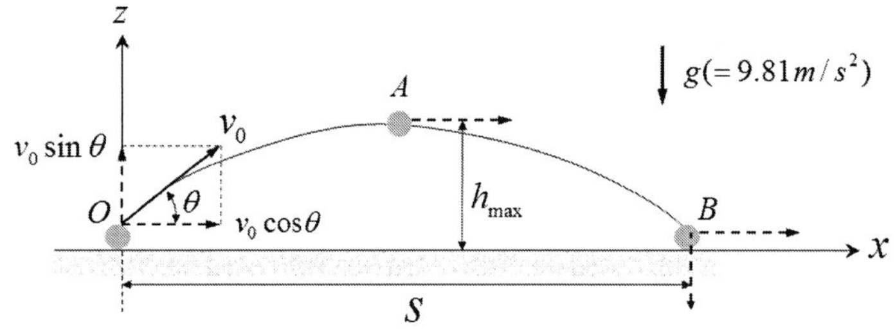

$$\frac{d^2x}{dt^2} = 0 \quad \xrightarrow{\text{적분}} \quad \frac{dx}{dt} = v_x = v_0 \cos\theta \quad \xrightarrow{\text{적분}} \quad \boxed{x = v_0 t \cos\theta}$$

$$\frac{d^2z}{dt^2} = -g \quad \xrightarrow{\text{적분}} \quad \frac{dz}{dt} = v_z = -gt + v_0 \sin\theta \quad \xrightarrow{\text{적분}} \quad \boxed{z = -\frac{1}{2}gt^2 + v_0 t \sin\theta}$$

자유낙하 운동에 대한 좌표 기준을 지표면으로 잡고 분석하면, 수직방향 포물선 운동과 수평방향 등속도 운동을 적용한 결과 모두 복잡한 결과를 얻게 되므로 앞에서 다룬 것처럼 다른 좌표 기준인 물체의 도달 최고점을 좌표 기준으로 적용하여 포물선 운동을 정리해보도록 한다.

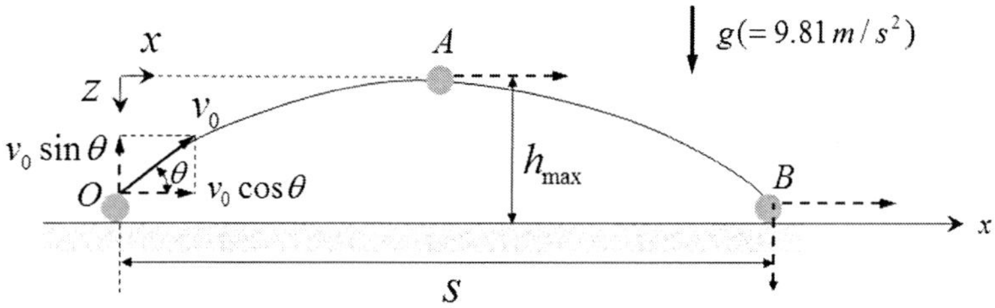

$$\boxed{v_z = gt}$$
$$\boxed{h = \frac{1}{2}gt^2} \Rightarrow v_x = v_0 \cos\theta \Rightarrow \boxed{s = v_x t = v_0 \cos\theta \times t}$$

위의 그림과 같이 물체가 최고점에 도달했을 때의 위치를 수직방향 좌표 기준으로 정하여 아랫방향으로 좌표방향을 잡은 후 수직방향 자유낙하 운동을 먼저 분석한 다음 수평방향 등속도 운동을 적용하여 수평방향 변위를 계산하면 된다. 그 결과를 정리하면 다음과 같다.

$$v_z = gt \qquad \text{(식 6–12)}$$

$$h = \frac{1}{2}gt^2 \qquad \text{(식 6–13)}$$

$$s = v_x \times t \qquad \text{(식 6–14)}$$

■ 예제 7 ■

아래 그림과 같이 속도 80km/h로 지상 300m의 높이에서 수평 비행하는 헬리콥터에서 물체를 떨어뜨릴 때, 낙하점은 투하점으로부터 몇 m인가?

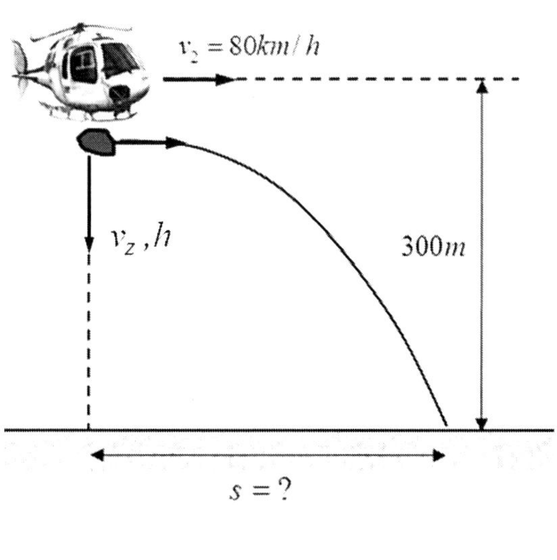

■ 풀이 ■

헬리콥터에서 떨어뜨린 물체의 운동은 포물선 운동이므로 수직방향과 수평방향으로 나누어 분석하면 된다. 수평방향 속도가 주어져 있으므로 물체가 떨어질 때까지 걸린 시간만 구하면 되는데, 이 시간은 수직방향 분석에서 구할 수 있다.

$$h = \frac{1}{2}gt^2 \rightarrow t = \sqrt{\frac{2h}{g}} = \sqrt{\frac{2\times300}{9.81}} = 7.82\mathrm{sec}$$

위에서 구한 시간은 수평방향으로 이동한 시간과 동일한 시간이므로 이것을 적용하여 수평방향 변위를 계산하면,

$$s = v_x \times t = \frac{80\times1000}{60\times60}\times7.82 = 174\mathrm{m}$$

연습문제

1. 아래와 같이 우물의 깊이를 알기 위해 돌을 떨어뜨렸다. 떨어뜨린 후 1.5초 후에 돌이 물에 닿는 소리가 났다. 소리의 속도를 무시할 때 우물의 깊이를 구하여라.

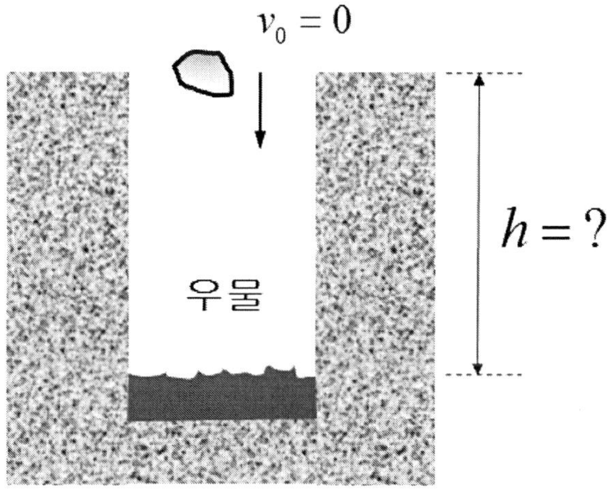

2. 투수가 던진 공을 수평과 30° 각도로 치니 4초 후 공은 멀리 외야 밖으로 떨어져 홈런이 되었다. 이때 공의 초속도와 공이 날아간 수평 도달거리를 구하라. (단, 공기저항은 무시한다.)

연습문제 풀이

1. 자유낙하 운동이므로 좌표 기준을 최고점으로 잡고 수식을 적용하면,

$$h=\frac{1}{2}gt^2=\frac{1}{2}\times 9.81\times 1.5^2=11.0\mathrm{m}$$

2. 타자가 친 공은 포물선을 그리며 외야 밖으로 떨어지므로 포물선 운동으로 분석하면 된다. 포물선 운동에서는 먼저 수직방향 자유낙하 운동을 먼저 분석해야 하므로 수직방향 좌표 기준을 공이 도달할 수 있는 최고점으로 두면, 공이 지표면에 도달할 때의 속도를 계산할 수 있다. 공이 최고점에 도달했다 다시 떨어지는 데 걸리는 시간이 4초이므로 공이 최고점으로부터 지표면에 도달할 때까지 걸린 시간은 2초가 된다. 이것을 이용하여 계산하면,

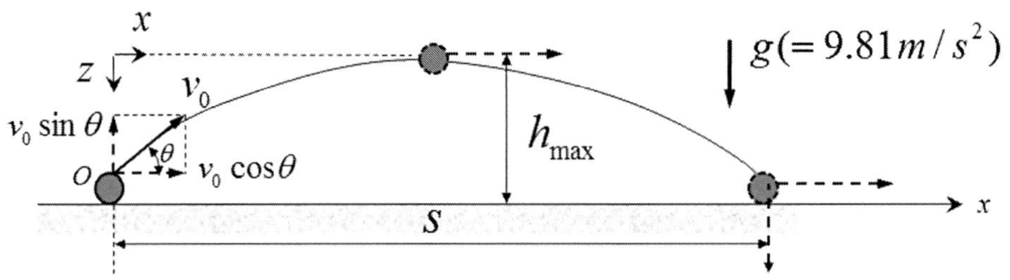

$$v_z=gt=v_0\sin\theta=v_0\sin 30^\circ \;\rightarrow\; v_0=\frac{gt}{\sin 30^\circ}=\frac{9.81\times 2}{\sin 30^\circ}=39.2\,\mathrm{m/sec}$$

공의 초기 속도를 계산하였으므로 이를 이용하여 공의 수평방향 속도를 계산하면,

$$v_x=v_0\cos\theta=v_0\cos 30^\circ=39.2\times\cos 30^\circ=33.9\,\mathrm{m/sec}$$

공의 수평방향 속도를 이용하여 수평방향 변위를 계산하면,

$$s=v_x\times t=33.9\times 4=136\mathrm{m}$$

7장

단진동

7.1 진동의 사례

1940년 미국 서부의 워싱턴주에서 타코마 해협에 건설된 타코마 다리가 붕괴되는 사건이 일어났다. 폭탄이 설치되어 폭발했다거나 다리 위로 너무 무거운 물체가 지나갔기 때문에 다리가 무너진 것이 아니라, 단지 바람이 불어 붕괴가 일어난 사건이라서 역사적으로 유명한 사건으로 기록되었다. 타코마 다리는 아무리 강한 바람에도 무너지지 않도록 설계되었는데 왜 무너진 것일까?

타코마 다리의 진동 현상과 붕괴

이 세상에 존재하는 모든 물체는 자신의 고유한 진동 특성을 지니고 있다. 진동(vibration)은 마치 바닷가에서 해변으로 물결이 밀려들어오는 파도의 운동과 같다. 파도는 파동(wave) 현상의 일종으로, 상하 운동을 지속적으로 반복하여 발생하는 것이다. 바닷물과 같이 유체에서 파동 현상이 일어난다면, 진동 현상은 고체가 일으키는 파동이라고 보면 이해하기 쉬울 것이다. 예를 들어, 쇠자나 플라스틱 자의 한쪽 끝을 잡고 있는 상태에서 다른 쪽 끝을 휘어지게 한 뒤 놓으면 수직 방향으로 반복하여 운동하고, 다른 쪽 끝을 잡고 있는 손은 얼얼한 느낌이 들 것이다. 이와 같은 현상을 진동이라 한다.

수면의 파동 쇠자의 파동

파동과 진동 사례

진동 현상은 시간이 지나면 서서히 사라지는데, 그 이유는 다양하지만 대부분 마찰 또는 저항이 원인이다. 그런데 바닷가의 파도나 쇠자의 진동 현상을 자세히 관찰해보면 파도가 치거나 쇠자가 상하 운동을 할 때 일정한 특징을 보인다. 이것을 물체의 고유진동수라고 한다. 물체의 고유진동수와 외부에서 가해지는 반복된 힘의 특성이 겹치게 되면 물체의 붕괴가 발생한다.

예를 들어 놀이터에서 어린이들이 많이 타는 그네의 운동을 생각해보자. 그네를 당겼다가 놓으면 스스로 왔다갔다 반복 운동을 하는데, 이때 그네가 왕복하는 데 걸리는 시간이 항상 일정하다는 것을 알 수 있다. 한번 당겼다 내버려두면 왕복 운동을 몇 번 하고난 뒤 그네는 멈추게 될 것이다. 그러나 만약 사람이 외부에서 그네의 왕복 시간에 맞춰 계속 밀게 되면 어떤 일이 발생할까? 아마도 왕복 운동에 맞춰 조금만 큰 힘을 지속적으로 가해도 그네는 더 이상 왕복 운동을 하지 못하고 그네의 줄이 매달린 크로스바에 감기게 될 것이다.

다시 처음에 언급하였던 타코마 다리의 붕괴현상으로 돌아가보자. 타코마 다리가 붕괴된 이유를 그네가 크로스바에 감긴 현상을 이용하여 설명해보면, 타코마 다리의 고유진동수와 당일 불고 있던 바람의 외부 힘의 반복된 진동수가 서로 일치하여 타코마 다리가 붕괴된 것으로 이해할 수 있을 것이다. 이렇게 고유진동수와 외부에서 가해진 운동이 겹쳐 발생하는 위험한 상황을 공진(resonance)이라고 한다.

우리의 일상생활 속 공진 현상을 살펴보면, 대표적인 것이 멀미 현상이다. 자동차나 배를 오랜 시간 타고 가다보면 머리가 어지럽고 속이 좋지 않은 경우가 발생한다. 이 역시 우리 몸의 신체 부위마다 고유진동수가 있어 자동차나 배가 발생시키는 운동과 겹치면서 발생하는 현상이다.

물체의 반복된 운동은 소리를 통해서도 발생하는데, 소리를 통해 발생하는 공진 현상을 공명 현상이라고 한다. 예를 들어 유리잔에 일정한 소리를 지속적으로 가하다보면 유리잔이 깨지는 현상이 발생한다. 이런 현상이 발생하는 이유는 유리잔의 고유진동수와 사람이 내보내는 목소리 음파가 서로 일치하여 발생하는 것이다.

음파에 의한 유리잔 파손 사례

이와 같이 진동 현상은 물체의 운동을 설명하는 데 매우 중요한 것이다. 그러나 진동 현상을 분석하는 것은 매우 복잡하므로 여기에서는 간단한 내용만 살펴보고자 한다.

7.2 단진동의 표현식

진동 현상의 가장 간단한 형태가 단진동이다. 단진동은 한 고정점으로부터 거리에 비례하면서 운동방향이 항상 중심점을 향하는 직선 반복운동인데, 용수철 운동, 진자의 운동, 쥐불놀이를 측면에서 볼 때의 모습, 쇠자의 떨림 운동과 같은 사례가 있다. 이와 같은 단진동 운동의 사례를 분석해보면 모두 동일한 형태의 운동방정식을 얻게 된다. 대부분의 단진동 운동방정식의 유도과정은 복잡하지만 그 결과물은 동일하므로 그 결과를 잘 활용하는 것이 중요하다.

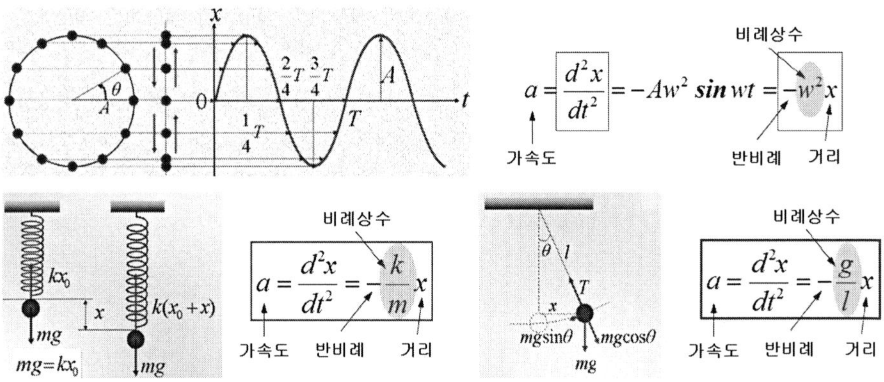

단진동 사례와 운동방정식의 유사성

여러 가지 단진동 사례를 통하여 운동방정식의 유사성을 관찰한 결과를 정리하여 단진동 운동방정식을 간단하게 표현하면 다음과 같다.

$$a = \frac{d^2x}{dt^2} = -kx \qquad \text{(식 7–1)}$$

여기서 x는 운동방향에 대한 변위이고 k는 비례상수이다. 운동방정식에서 a가 가속도이므로 가속도가 (-)라는 의미를 설명하면, 단진동하는 물체는 자신의 운동 방향으로 항상 속도가 줄어들게 되어 속도가 0이 되면 다시 반대방향으로 되돌아가게 된다는 뜻이다. 그러므로 단진동 운동을 하는 물체는 항상 운동의 중심점을 기준으로 멀어졌다 가까워지는 운동을 반복하게 된다.

이러한 단진동 운동 현상을 좀 더 깊이 관찰하기 위해 단진동 운동방정식을 풀어 x에 대해 정리하면,

$$x = A\cos\sqrt{k}\,t \qquad \text{(식 7–2)}$$

여기서 A는 단진동 운동의 진폭이다. 이 식으로부터 단진동 운동의 특성을 알아낼 수 있는

데 먼저 단진동 운동의 주기를 알 수 있고 다음으로 진동수를 계산할 수 있다. 여기서 주기란 단진동 운동 1회를 수행하는 데 걸리는 시간을 말하고, 진동수란 1초 동안에 수행한 단진동 운동의 횟수를 말한다. 이와 같은 주기와 진동수의 정의에 따라 각각 수식을 유도한 결과를 정리하면,

$$T(\text{주기}) = \frac{2\pi}{\sqrt{k}} \qquad \text{(식 7-3)}$$

$$n(\text{진동수}) = \frac{1}{T} = \frac{\sqrt{k}}{2\pi} \qquad \text{(식 7-4)}$$

주기의 단위는 초(sec)이고, 진동수의 단위는 헤르츠(Hz)이다.

■ 예제 1 ■

진폭이 2m인 아래와 같은 식의 단진동에서 x에 관한 수식과 주기 및 진동수를 구하여라.

$$a = \frac{d^2x}{dt^2} = -100x$$

■ 풀이 ■

진폭이 2m로 주어져 있고 k의 값이 100이므로 x에 관한 수식은,

$$x = 2\cos 10t$$

주기와 진동수를 구하면,

$$T = \frac{2\pi}{\sqrt{k}} = \frac{2\pi}{10} = 0.628\text{sec}$$

$$n = \frac{1}{T} = \frac{1}{0.628} = 1.59\text{Hz}$$

연습문제

1. 다음과 같은 단진동 운동방정식에서 주기와 진동수를 구하여라.

$$\frac{d^2x}{dt^2} = -16x$$

2. 단진동을 하는 물체의 중심점으로부터 거리를 수식으로 표현하면 아래 식과 같다. 아래 식으로부터 물체의 단진동 주기와 진동수를 구하여라.

$$x = 4\cos(2t - 4)$$

3. 쇠자의 한쪽 끝을 고정하고 다른 쪽에 힘을 가하였더니 쇠자의 떨림에 의한 단진동이 발생하였다. 이때 쇠자의 단진동 현상을 자세히 살펴보니, 진폭은 2cm이고 중심점으로부터 거리가 1cm일 때 가속도는 1m/sec^2이라는 것을 알게 되었다. 단진동의 거리에 관한 수식과 주기 및 진동수를 구하여라.

연습문제 풀이

1. 단진동 운동방정식을 살펴보면 비례상수 k값이 16이므로,

$$T = \frac{2\pi}{\sqrt{k}} = \frac{2\pi}{4} = 1.57\text{sec}$$

$$n = \frac{1}{T} = \frac{1}{1.57} = 0.637\,\text{Hz}$$

2. 단진동의 중심점으로부터 거리를 계산한 수식을 변환하면,

$$x = 4\cos(2t-4) = 4\cos 2(t-2)$$

이 식에서 비례상수 k의 값이 4이므로,

$$T = \frac{2\pi}{\sqrt{k}} = \frac{2\pi}{2} = 3.14\text{sec}$$

$$n = \frac{1}{T} = \frac{1}{3.14} = 0.318\,\text{Hz}$$

3. 중심으로부터 거리가 1cm일 때 가속도가 1m/sec^{2}이므로,

$$a = -kx \rightarrow 1 = -k \times (0.01) \rightarrow k = \left| \frac{1}{-0.01} \right| = 100$$

이 결과와 진폭이 2cm라는 조건을 이용하여 거리에 관한 식을 쓰면,

$$x = 0.02\cos 10t$$

주기와 진동수를 구하면,

$$T = \frac{2\pi}{\sqrt{k}} = \frac{2\pi}{10} = 0.628\text{sec},\ n = \frac{1}{T} = \frac{1}{0.628} = 1.59\,\text{Hz}$$

8장

운동의 법칙

8.1 관성의 법칙

아이작 뉴턴은 운동의 3가지 법칙을 발견하고 이를 정리하였다. 운동의 법칙 중 첫 번째 법칙은 관성의 법칙으로 물체는 외부로부터 힘이 작용하지 않는 한, 정지 상태의 경우에는 언제까지나 정지 상태를 유지하고, 운동하고 있는 경우에는 언제나 그 속도로 등속 직선운동을 계속한다는 것이다.

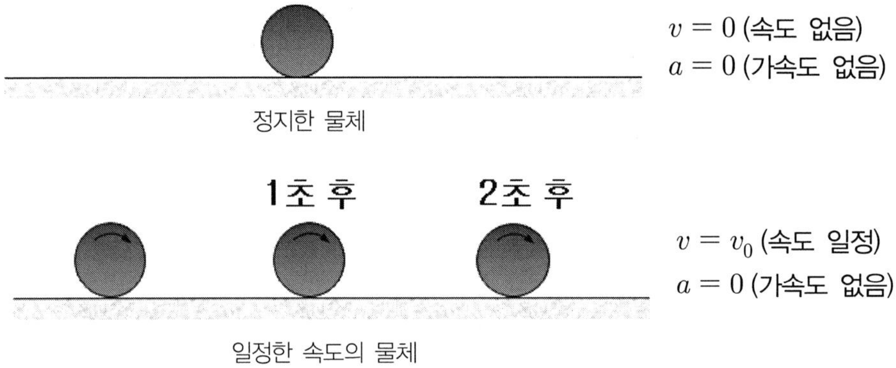

관성의 법칙

정지한 물체는 외부에서 가해지는 힘이 없을 경우 정지한 상태를 계속 유지하기 때문에 속도의 변화가 없어 가속도가 0이 된다. 일정한 속도를 지니고 움직이는 물체의 경우 등속도 운동을 하기 때문에 속도의 변화가 없어 가속도가 0이 된다. 사실 정지한 물체는 속도가 0인 일정한 속도의 운동을 하는 등속도 운동이라고 생각해도 될 것이다. 그러므로 등속도 운동은 가속도가 없으므로 자신의 속도를 계속 유지하게 되는데 이를 관성의 법칙이라고 한다.

관성의 법칙이 적용되는 물리적 현상의 사례를 생각해보자. 여러분이 버스를 타고 있을 때 정지한 상태의 버스가 급출발을 하면 어떤 일이 벌어질까? 버스에 타고 있는 사람들은 관성의 법칙에 따라 정지한 상태를 계속 유지하려 하지만, 버스가 급출발을 함으로써 여러분은 버스의 움직임에 반대되는 방향으로 넘어지려고 하는 현상을 경험했을 것이다. 이번에는 100m 달리기 선수를 생각해보자. 100m 결승선에 도달한 선수들이 100m 결승선에 갑자기 멈추어 서는 경우는 없다. 100m 결승선을 향해 달리던 속도를 그대로 유지하면서 결승선을 지난 후 서서히 속도를 줄여서 결승선을 한참 지나 멈추게 된다. 이것 역시 관성의 법칙으로, 결승선에서 갑자기 멈추게 되면 자기 속도를 유지하려는 관성의 법칙에 따라 상체가 앞으로 쏠려 선수가 넘어지고 말 것이다. 또 다른 예를 들면, 컵 뚜껑에 약간 두꺼운 종이를 덮어놓고 그 위에 동전을 올려놓은 상태에서 종이를 빠르게 당기면 동전은 정지상태를 유지하려고 하므로 종이 받침을 따라 이동하지 않고 그대로 컵 속으로 떨어지게 되는데, 이것도 관성의 법칙의 사례가 된다. 또 화장실에서 사용하는 두루마리 휴지를 손을 대지 않고 떼어내는 경우도 관성의 법칙이 적용되는 사례이다. 두루마리 화장지에는 일정 간격으로 점선 펀칭이 되어있어 휴지를 떼어내기 쉽게 만들어져 있다. 휴지에 손을 대지 않은 상태에서 휴지를 빠른 속도로 당기면 점선 펀칭된 부분이 찢어져 휴지가 본체로부터 떨어져 나오는 현상을 경험해볼 수 있다. 이렇게 휴지를 한손으로 떼어낼 수 있는 이유 역시 두루마기 휴지의 본체는 관성에 법칙에 따라 정지한 상태를 계속 유지하려고 하지만, 사람이 한 손으로 휴지 끝 부분을 강하게 잡아당기므로 가장 연약한 점선 펀칭 부분이 찢어지게 되기 때문이다.

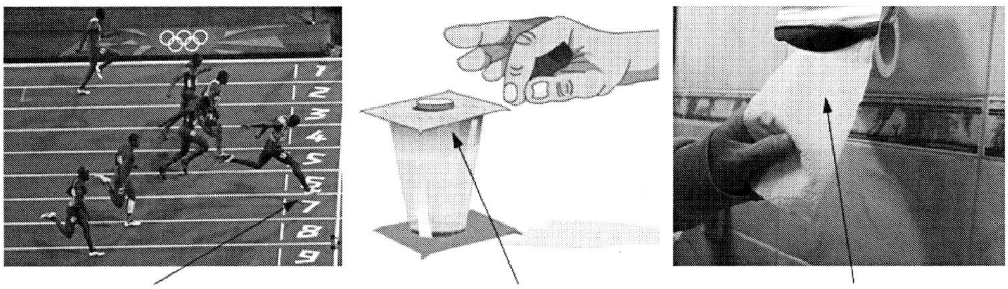

결승선에 도착했는데도 계속 달린다.　　손가락으로 받침을 당기면 동전이 컵 속으로 떨어진다.　　한 손으로 휴지를 당기면 점선에서 끊어진다.

관성의 법칙이 적용된 사례

이와 같이 우리의 일상생활 속에는 관성의 법칙이 적용되는 여러 가지 사례가 있으며 관성의 법칙이 없다면 우리는 살아갈 수 없다는 것을 알게 될 것이다.

8.2 가속도의 법칙

운동의 법칙 중 두 번째 법칙은 가속도의 법칙으로 물체에 대하여 외부에서 힘이 작용할 때 생기는 가속도의 크기는 힘의 크기에 비례하고 그 방향은 힘의 방향과 같다는 것이다. 이 법칙을 간단히 식으로 정리하여 쓰면 다음과 같다.

$$F = ma \qquad \text{(식 8-1)}$$

여기서 F는 외부에서 가해진 힘이고 m은 물체의 질량이며 a는 가속도이다. 여기서 만약 외부에서 가해진 힘이 0이면 어떤 현상을 묘사하게 될까? 바로 관성의 법칙을 묘사하는 수식이 될 것이다. 외부에서 가해지는 힘이 0이므로 물체의 질량이나 가속도가 0이 되어야 하는데 물체의 질량은 0이 될 수 없으므로 가속도가 0이 되어 속도가 일정한 운동 상태, 다시 말하면 정지 상태를 포함한 등속도 운동 상태를 나타내는 것이다. 그러므로 가속도 운동은 넓게 보면 관성의 법칙을 포함하는 법칙이라고 할 수 있다.

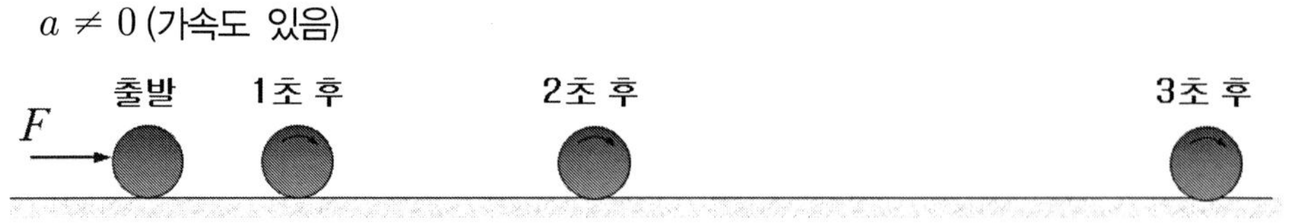

가속도의 법칙

가속도의 법칙이 적용되는 사례는 우리의 일상생활에서 너무 많이 볼 수 있기 때문에 속도가 변하는 모든 현상이 가속도의 법칙이 적용되는 사례라고 생각하면 될 것이다.

■ **예제 1** ■

10g의 구슬을 1N의 힘으로 튕겨서 멀리 보낸다고 할 때, 만약 운동구간 내에 마찰이 없어 일정 가속도가 유지된다면 2초 후 구슬이 이동한 거리를 계산하라.

■ **풀이** ■

먼저 가속도의 법칙을 표현하는 수식을 이용하여 가속도를 계산하면,

$$F = ma \rightarrow a = \frac{F}{m} = \frac{1N}{10g} = \frac{1N}{0.01kg} = 100\,\mathrm{m/sec}^2$$

등가속도 운동이므로 자유낙하 운동과 유사하게 다음 수식을 적용하면,

$$s = \frac{1}{2}at^2 = \frac{1}{2} \times 100 \times 2^2 = 200\mathrm{m}$$

8.3 작용 반작용의 법칙

운동의 법칙 중 세 번째 법칙은 작용-반작용의 법칙이다. 이 법칙은 어떤 물체가 다른 물체에 힘을 작용할 때 다른 물체 역시 작용한 힘의 반대 방향으로 물체에 힘을 가한다는 법칙이며, 작용과 반작용의 관계는 힘의 크기가 같고 같은 작용선상에서 방향이 반대라는 것이다. 이 법칙을 다시 정리하여 표현하면, 한 물체에 힘이 작용하면 그 물체에 힘을 가해준 다른 물체에는 반드시 방향은 반대이고 같은 크기의 힘이 작용하게 된다는 것과 같다. 예를 들어 여러분이 주먹으로 벽을 쳤을 때, 여러분이 벽을 가격했는데도 자신의 손이 아픈 이유는 벽도 여러분을 가격하였기 때문이다. 그러므로 이 사례에서 보듯이 두 물체 사이에서 한 물체가 다른 물체에 힘을 가하면 다른 물체 역시 반대 방향으로 힘을 가하게 되어 작용-반작용 현상이 일어나게 된다.

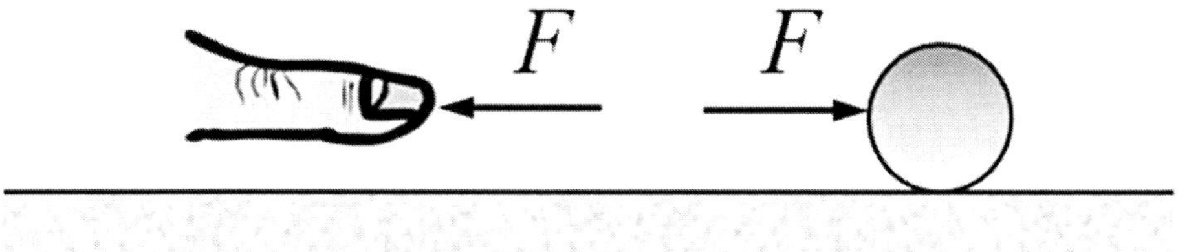

작용–반작용의 법칙

작용-반작용의 법칙에 관한 사례는 우리의 일상생활에서 무수히 찾아볼 수 있다. 예를 들어 야구 경기에서 투수가 던진 공을 타자가 배트로 칠 때 타자는 자신의 손이 찌릿한 현상을 많이 겪는데, 그 이유는 타자가 배트로 공을 쳤지만 공 역시 배트에 힘을 가하여 그 힘이 타자의 손으로 전달되었기 때문이다. 물론 공이 배트의 어디에 맞느냐에 따라 찌릿한 정도는 달라질 것이다.

배트가 야구공에 준 힘만큼
야구공도 배트에 힘을 가한다.

로켓이 날아오르는 만큼
연료는 반대로 소화한다.

노를 저어 물을 밀어내는 만큼
배는 앞으로 나아간다.

작용–반작용의 법칙 사례

■ **예제 2** ■

아래 그림과 같이 공 A(10kg)와 공 B가 서로 부딪힌 후 반대 방향으로 움직인다고 할 때, 공 B의 질량을 구하여라.

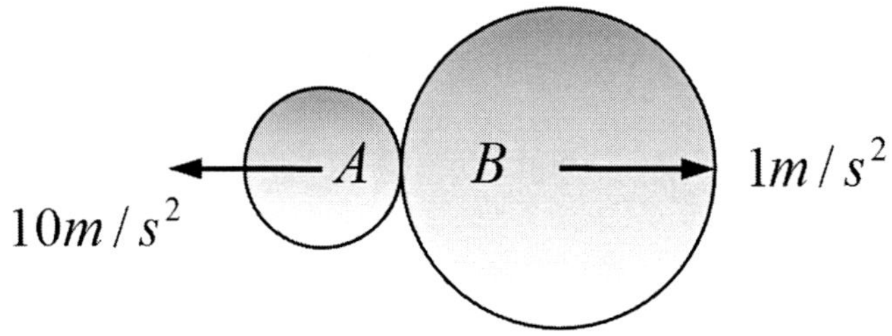

■ **풀이** ■

운동의 법칙 중 작용-반작용의 법칙을 적용하면, 두 개의 공은 모두 같은 크기의 힘을 상대에게 가하고 방향은 반대이므로,

$$F_A = m_A a_A = m_B a_B = F_B$$

$$\rightarrow m_B = \frac{m_A a_A}{a_B} = \frac{10 \times 10}{1} = 100\text{kg}$$

연습문제

1. 아래 그림과 같이 몸무게가 70kg인 사람이 엘리베이터에 타고 있을 때, 엘리베이터가 서서히 출발하여 2초 후에는 4m/s의 속도로 가속되어 내려갈 때, 사람의 발바닥에 미치는 힘은 얼마인지 계산하라.

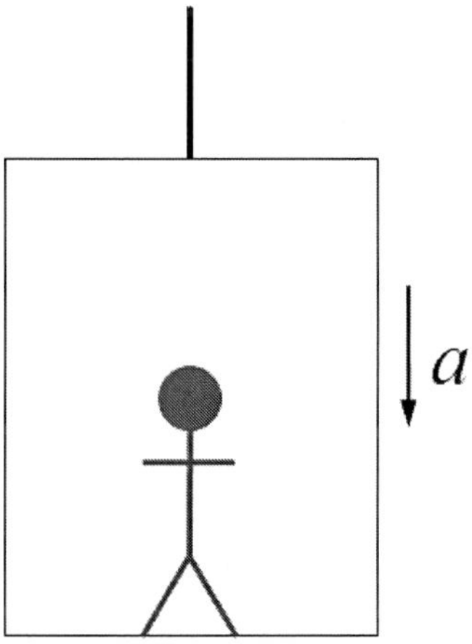

2. 1번 문제에서 동일한 조건에서 만약 엘리베이터가 서서히 출발하여 가속되어 올라간다면 사람의 발바닥에 미치는 힘은 얼마인지 계산하라.

3. 300kg 무게의 정지한 배에 타고 있었던 60kg 몸무게의 사람이 밖으로 뛰어 나가 배가 반대 방향으로 움직이기 시작했다. 사람이 뛰어나갈 때 순간 가속도가 $1m/sec^2$이었다면 배가 후진하는 순간 가속도는 얼마인지 계산하라. (단, 배가 움직이는 순간 배와 물 사이 마찰력은 무시한다.)

연습문제 풀이

1. 먼저 엘리베이터의 가속도를 계산하면,

$$a = \frac{dv}{dt} = \frac{v - v_0}{t - 0} = \frac{4}{2} = 2\,\mathrm{m/sec^2}$$

엘리베이터가 아래 방향으로 내려가기 때문에 아래 방향으로 최종 가속도를 경험하게 된다. 그러므로 이를 적용하여 자유물체도를 그리고 계산하면,

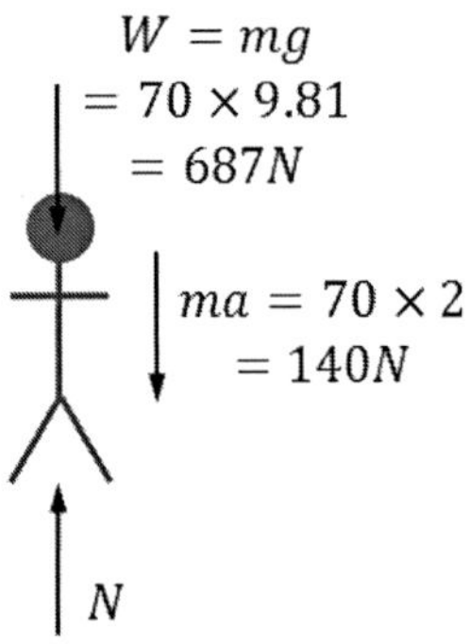

$$F = ma = W - N \rightarrow N = W - ma = 687 - 140 = 547\,\mathrm{N}$$

2. 엘리베이터가 위 방향으로 올라가기 때문에 위 방향으로 최종 가속도를 경험하게 된다. 그러므로 이를 적용하여 자유물체도를 그리고 계산하면,

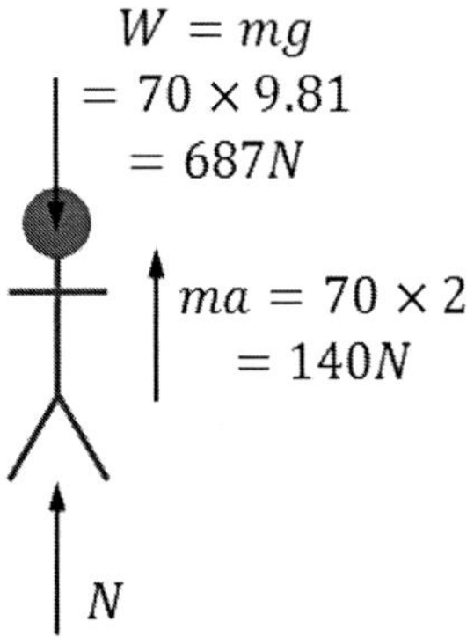

$$F = ma = N - W \rightarrow N = W + ma = 687 + 140 = 827\,\mathrm{N}$$

3. 배에 타고 있던 사람이 밖으로 뛰어나간 상황을 그림으로 정리하면 아래 그림과 같다.

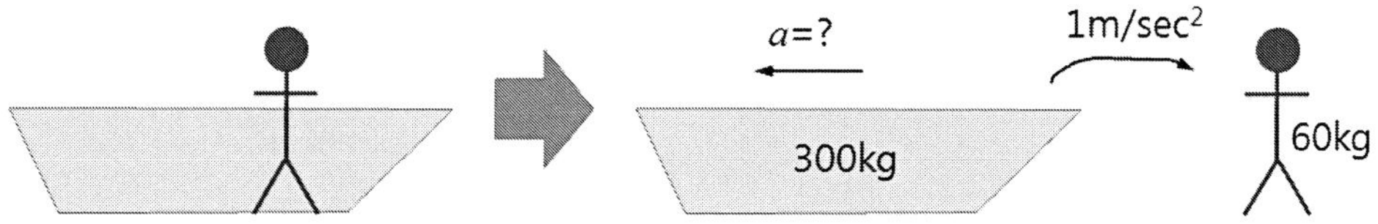

운동의 법칙 중 작용–반작용의 법칙을 적용하여 배의 순간 가속도를 구하면,

$$F_{배} = m_{배}\,a_{배} = m_{사람}\,a_{사람} = F_{사람}$$

$$\rightarrow m_{배} = \frac{m_{사람}a_{사람}}{a_{배}} = \frac{60 \times 1}{300} = 0.2\,\mathrm{m/sec^2}$$

9장

마찰력

9.1 쿨롱의 법칙

마찰 현상은 우리의 일상생활에서 항상 경험하는 것이다. 마찰이 없다면 움직일 수도 없고 운동할 수도 없다. 마찰이 있기 때문에 다른 물체와의 접촉을 통해 추진력을 얻어 움직일 수 있는 것이다. 그러면 마찰이란 무엇일까? 마찰은 두 물체가 서로 접촉하면서 운동하려고 할 때 혹은 운동하고 있을 때, 두 물체의 접촉면에서 서로 운동을 방해하려고 생기는 저항이라고 말할 수 있다.

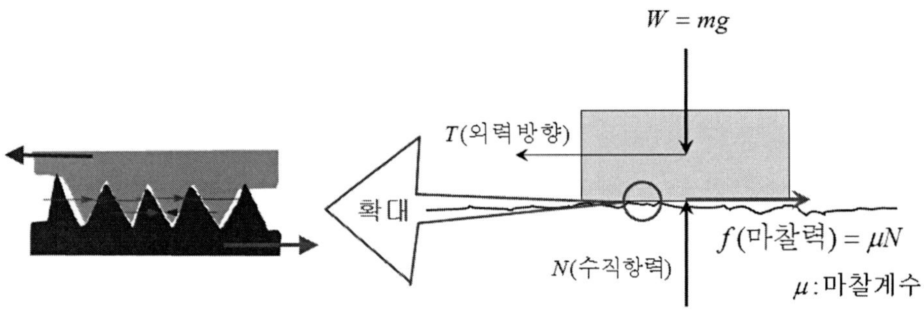

마찰에 대한 간단한 설명

물체의 접촉면에서 발생하는 마찰의 발생 원리는 매우 복잡하지만, 이해하기 쉽게 간단히 설명하면 다음과 같다. 우리가 겉으로 보기에 두 물체의 접촉면은 부드러워 보이지만, 현미경을 이용해 자세히 관찰하면 접촉면에서 톱니 모양의 거친 면이 서로 접촉하고 있음을 알 수 있다. 즉 두 물체의 거친 표면이 서로 맞물려 있다가 두 물체가 상대운동을 하려고 하면 맞물린 부분이 작용-반작용의 법칙에 의해 저항을 하게 되는데, 이것을 마찰력이라고 이해하면 마찰 현상을 쉽게 이해할 수 있을 것이다.

이 마찰 현상을 가장 잘 설명하고 있는 것이 쿨롱의 법칙인데 쿨롱의 법칙은 마찰력 계산에 사용된다. 쿨롱의 법칙에 따르면 마찰력의 크기는 수직반력(또는 수직항력)에 비례하고 접촉면의 거칠기에 비례한다. 이를 정리하여 수식으로 표현하면 다음과 같다.

$$f = \mu N \quad \text{(식 9–1)}$$

여기서 μ는 접촉면의 거칠기를 나타내는 마찰계수이고 N은 수직반력의 크기이다. 이 식으로부터 알 수 있는 것은 마찰력의 크기는 접촉면의 넓이와 상관없다는 점이다.

9.2 마찰력의 크기와 방향

마찰의 종류는 크게 정지 마찰과 운동 마찰로 나눌 수 있는데, 운동 마찰은 미끄럼 속도와 무관하며 운동 마찰력은 정지 마찰력에 비해 크기가 작은 것으로 알려져 있다. 이와 같은 결과는 일상 속의 경험을 통해 알 수 있다. 예를 들어 주차장에 가로주차가 되어 있는 자동차를 밀려고 한다고 해보자. 자동차의 사이드 브레이크가 풀려있을 때 자동차를 밀면 처음에는 매우 큰 힘을 가해야 겨우 자동차가 움직이지만, 자동차가 일단 움직이기 시작하면 큰 힘을 가하지 않고도 자동차를 계속 밀어서 움직일 수 있다. 이때 자동차가 움직이는 순간 가한 힘은 정지 마찰력과 연관성이 있으며, 자동차가 움직이기 시작한 이후 자동차를 미는 힘은 운동 마찰력과 연관성이 있다.

정지 마찰력과 운동 마찰력을 정의하고 그 크기를 비교하는 아래 그래프를 살펴보자. 마찰력의 크기는 정지 마찰력이 가장 크고, 접촉면에서 미끄럼이 발생하여 움직이기 시작하면 운동 마찰력이 조금씩 작아지면서 일정한 값을 갖게 된다는 것을 알 수 있다.

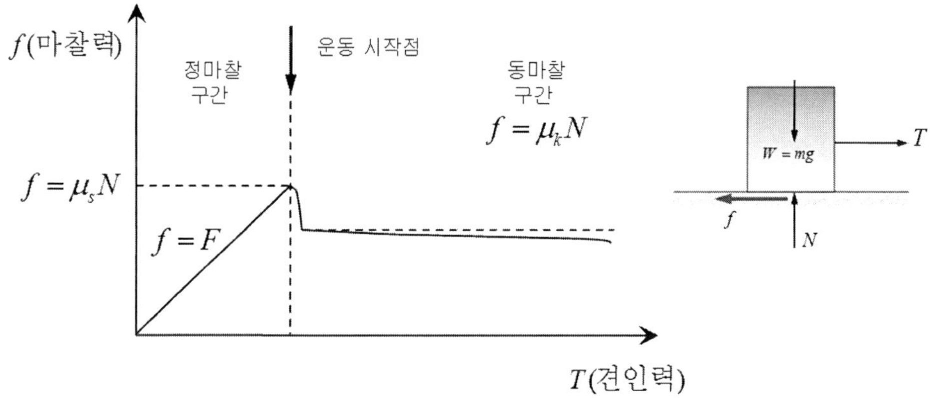

정지 및 운동 마찰력의 크기 비교

위의 그래프를 살펴보면 수직항력은 정지 마찰력이든 운동 마찰력이든 일정하므로 마찰력의 크기 차이는 마찰계수의 차이에서 발생한다는 것을 알 수 있다. 그러므로 정지 마찰력이 운동 마찰력보다 큰 이유는 정지 마찰계수가 운동 마찰계수보다 크기 때문이라는 결론을 얻을 수 있다.

$$\mu_s > \mu_k \qquad \text{(식 9–2)}$$

여기서 μ_s는 정지 마찰계수이고 μ_k는 운동 마찰계수이다.

9.3 마찰의 종류

마찰의 종류는 분류 기준에 따라 다양하게 나눌 수 있다. 먼저 움직임의 유무에 따라 이미 살펴본 대로 정지 마찰과 운동 마찰로 나눌 수 있다. 또한 접촉면의 윤활 상태에 따라 건조마찰, 유체마찰, 경계마찰로 나눌 수 있다. 접촉하는 물체의 운동 상태에 따라 미끄럼마찰과 구름마찰로 나누는 경우도 있다. 움직임 유무에 따른 마찰의 종류를 나누는 방법과 그 내용은 앞에서 이미 설명했으므로 생략하고, 접촉면의 윤활 상태에 따른 마찰의 종류에 대해 살펴보도록 하자.

고체마찰 유체마찰 경계마찰

접촉면 윤활 상태에 따른 마찰의 종류

고체마찰(또는 건조마찰)은 접촉하는 두 물체 사이 접촉면에 윤활제가 없는 마찰로, 마찰계수의 값이 크기 때문에 마찰력 또한 크게 발생한다. 두 물체 사이에서 큰 마찰력이 필요할 때는 건조마찰을 활용하면 좋을 것이다. 예를 들어 유치원에서는 아이들이 뛰어다니면서 노는 경우가 많은데, 이때 아이들이 넘어져서 다치지 않도록 놀이방 바닥을 건조마찰 상태로 유지하기 위해 바닥에 흘린 물을 재빨리 닦는 것이 그 사례가 될 것이다. 건조마찰의 경우 마찰계수의 크기는 0.1~1.0 정도 된다고 알려져 있다.

체인 그리스 체인 윤활유

자전거를 통한 유체마찰 사례

유체마찰은 접촉하는 두 물체 사이의 접촉면에 윤활제가 충분히 많은 경우로, 마찰계수가 매우 작아 마찰력 또한 그 크기가 작다. 그러므로 두 물체가 접촉하는 부분의 마찰력이 작아야 할 때는 유체마찰을 활용하면 좋을 것이다. 예를 들어 자전거의 체인과 스프라켓이 대표적인 사례이다. 자전거의 페달을 밟으면 자전거가 앞으로 움직이는데, 그 이유는 페달은 스프라켓과 연결되어 있고 이 스프라켓은 체인과 접촉되어 있어서 체인을 움직임으로써 결국 자전거 바퀴가 돌아가게 하고 자전거를 앞으로 움직이는 것이다. 여기서 스프라켓과 체인이 접촉되는 부분이 건조마찰 상태이면 소음이 발생하고 잘 움직이지 않기 때문에, 이 부분에 그리스나 윤활유를 뿌려서 유체마찰 상태로 만들어 자전거가 부드럽게 움직일 수 있도록 한다. 유체마찰 계수의 크기는 0.001~0.01 정도 된다고 알려져 있다.

경계마찰은 유체마찰과 같이 윤활유가 충분하지 않지만 적은 양의 윤활유라도 존재하여 유체마찰 층이 얇은 경우를 말하며, 크기는 0.01~0.1 정도 된다고 한다.

접촉하는 물체의 운동 상태에 따라 미끄럼마찰과 구름마찰로 나눌 수 있는데, 미끄럼마찰은 접촉면에서 두 물체가 병진운동에 의해 상대운동을 하는 경우이며, 구름마찰은 회전운동, 특히 바퀴와 같이 원운동에 의해 회전운동을 하는 경우를 말한다. 빙판 위에서 타는 스케이트가 미끄럼마찰에 해당되고, 인라인 스케이트가 구름마찰에 해당된다고 생각하면 이해하기 쉬울 것이다.

빙판용 스케이트 인라인 스케이트

미끄럼마찰과 구름마찰의 사례

■ 예제 1 ■

아래 그림과 같이 질량이 10kg인 벽돌에 줄을 연결하여 오른쪽 방향으로 끌어당기고 있을 때, 벽돌이 움직이기 위해 필요한 줄의 장력은 얼마 이상이어야 하는가? (단, 마찰계수는 0.3으로 한다.)

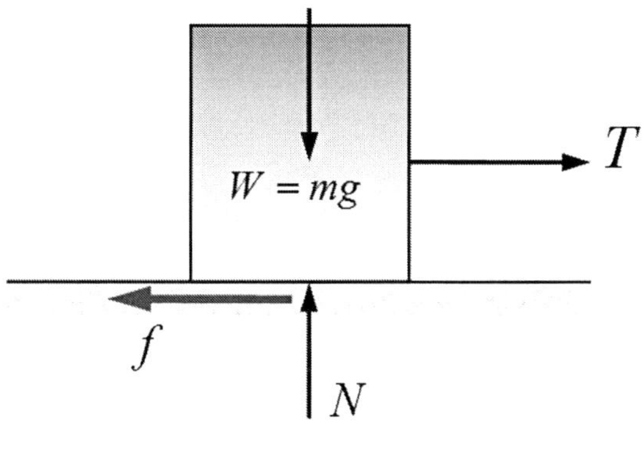

■ 풀이 ■

자유물체도를 참조하여 수평 및 수직방향 평형조건을 적용하면,

$$\sum F_x = 0 : T - f = 0 \rightarrow T = f$$
$$\sum F_y = 0 : N - W = 0 \rightarrow N = W = mg$$
$$\Rightarrow T = f = \mu N = \mu mg = 0.3 \times 10 \times 9.81 = 29.4\,\mathrm{N}$$

연습문제

1. 아래 그림과 같이 도르래에 줄을 걸어 경사면의 벽돌을 당길 때 벽돌이 움직이기 시작할 때의 장력 T를 구하시오. (단, 벽돌의 질량은 100kg이다.)

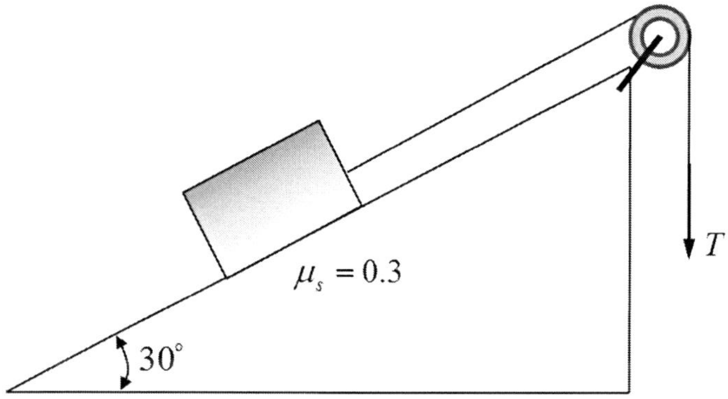

2. 그림과 같이 길이 26cm, 무게 100g인 막대를 매끈한 연직면에 기대어 놓았다. 하단은 벽에서 10cm 떨어진 곳에 있다. 이 막대와 바닥 사이의 마찰 계수가 0.3일 때, A에서 막대에 작용하는 마찰력을 구하라. (단, 막대는 균질이라 가정한다.)

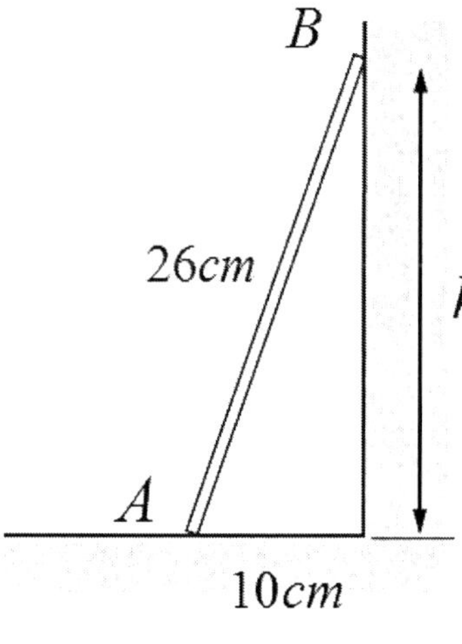

연습문제 풀이

1. 경사진 방향을 x-y축으로 정하고 벽돌에 대해 자유물체도를 그리면,

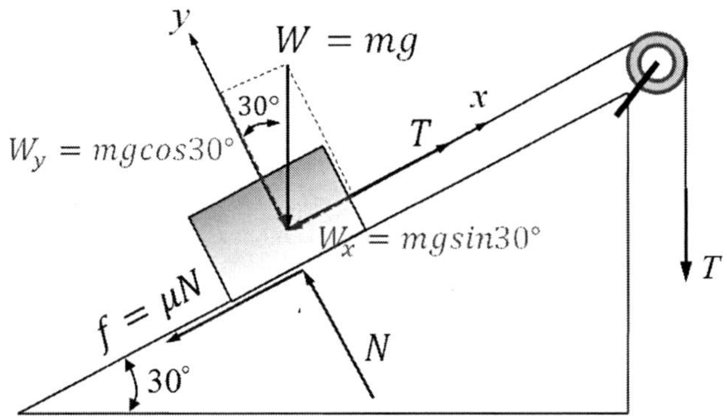

자유물체도에서 x-y방향에 대해 평형조건을 적용하면,

$$\sum F_x = 0: T - W_x - f = 0 \rightarrow T = W_x + f$$
$$\sum F_y = 0: N - W_y = 0 \rightarrow N = W_y = mgcos30^\circ = 100 \times 9.81 \times \cos 30^\circ = 850\text{N}$$

위에서 구한 수직항력 N을 이용하여 장력 T를 구하면,

$$T = W_x + f = mgsin30^\circ + \mu N = 100 \times 9.81 \times \sin 30^\circ + 0.3 \times 850 = 746\text{N}$$

2. 막대에 대한 자유물체도를 그리면,

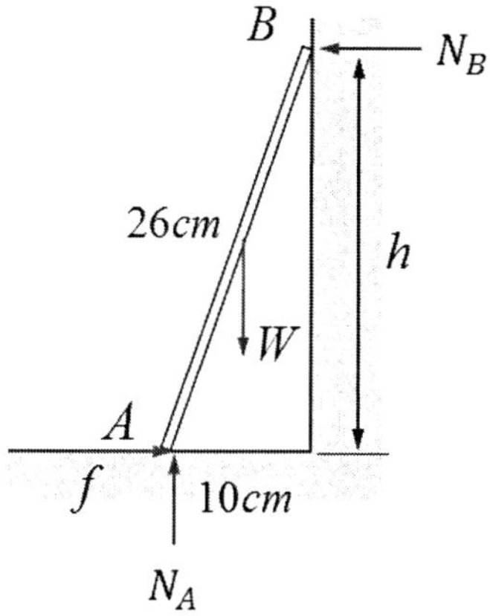

자유물체도에서 높이 h를 피타고라스의 정리에 의해 계산하면,

$$h = \sqrt{26^2 - 10^2} = 24\text{cm}$$

자유물체도를 참조하여 x-y방향 평형조건과 A점에서의 모멘트 평형조건을 적용하면,

$$\sum F_x = 0 : f - N_B = 0 \rightarrow N_B = f$$
$$\sum F_y = 0 : N_A - W = 0 \rightarrow N_A = W$$
$$\sum M_A = 0 : N_B \times h - W \times \frac{1}{2} \times 0.1 = 0 \rightarrow N_B = \frac{W \times 0.1}{2h} = \frac{0.1 \times 9.81 \times 0.1}{2 \times 0.24} = 0.204\,\text{N}$$

위에서 구한 B점에서의 수직항력을 이용하여 마찰력을 계산하면,

$$f = N_B = 0.204\,\text{N}$$
$$N_A = W = 0.1 \times 9.81 = 0.981\,\text{N}$$

10장

동역학

10.1 일과 에너지

10.1.1 일

사람은 일을 함으로써 자신의 능력을 발휘하고 자신의 꿈을 성취할 수 있다. 회사에서 사무 일을 하는 사람도 있고 생산 현장에서 생산, 측정, 평가, 운송 등의 일을 하는 사람도 있으며 새로운 것을 연구, 개발하는 일을 하는 사람도 있다. 이와 같이 우리의 일상생활에서 하는 일의 종류는 다양하다. 그러나 공업공학(기계역학)에서 말하는 일은 우리의 일상생활에서 말하는 일의 의미와 다르다. 공업역학에서 말하는 일의 정의는 아주 분명하고 명확하다. 일이란 물체에 가해준 힘과 이동한 거리의 곱이다. 이를 수식으로 표현하면 다음과 같다.

$$W = F \times s \qquad \text{(식 10-1)}$$

일의 단위는 J(Joule, 줄)이며 1N의 힘을 가할 때 힘을 가한 방향으로 1m 움직일 때 물체에 해준 일의 양을 말한다. 위의 식에서 F는 힘(벡터)이고 s는 변위(벡터)이므로 일은 스칼라가 되어 크기만 표시하면 된다.

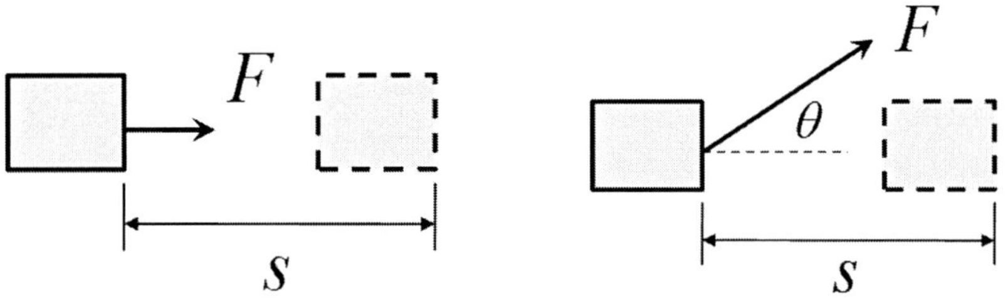

일의 크기를 계산하는 방법

일의 크기를 계산할 때 힘의 방향과 변위의 방향이 동일한 경우도 있지만 서로 다른 경우도 있는데, 그때에는 힘을 변위 방향의 성분으로 분해하여 계산하면 된다. 이를 수식으로 표현하면 다음과 같다.

$$W = F\cos\theta \times s \qquad \text{(식 10-2)}$$

일의 크기를 계산하는 방법은 힘과 변위를 곱하면 된다는 원리를 이용하면 된다. 이는 다양한 경우에 적용할 수 있지만, 대표적으로 중력에 의한 일과 스프링에 의한 일의 크기를 계산하는 사례를 살펴보자.

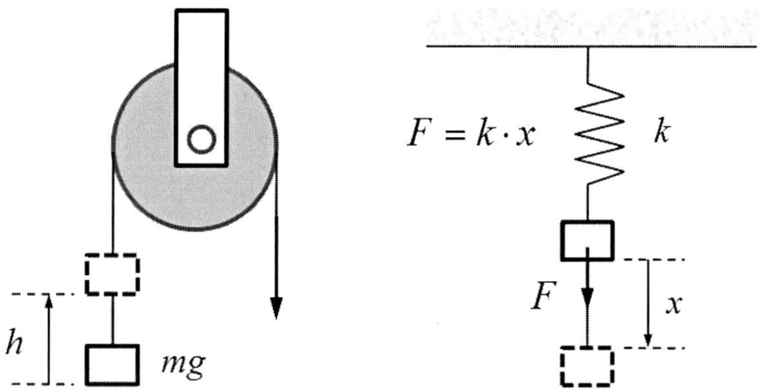

중력에 의한 일　　　　스프링에 의한 일

일의 크기를 계산하는 사례

중력에 의한 일의 계산은 중력이라는 힘과 중력이 가해지는 방향으로 움직이는 거리로 높이를 곱하면 된다.

$$W = F \times s = W \times h = mgh \qquad \text{(식 10-3)}$$

스프링에 의한 일의 크기는 계산하는 과정이 좀 복잡하다. 스프링이 가하는 힘을 계산하는 식에 이미 변위가 들어가 있기 때문에 적분 과정을 거쳐야하기 때문이다. 이 과정을 정리하여 수식으로 정리하면 다음과 같다.

$$W = \int F dx = \int kx dx = \frac{1}{2}kx^2 \qquad \text{(식 10-4)}$$

■ 예제 1 ■

그림과 같이 30 ° 의 매끈한 경사면이 있다. 무게 10kg의 물체를 경사면을 따라 들어올리기 위해 힘을 가해서 경사면을 따라 2m의 변위를 일으켰다. 운동 마찰계수가 0.2일 때, 한 일의 양을 구하여라.

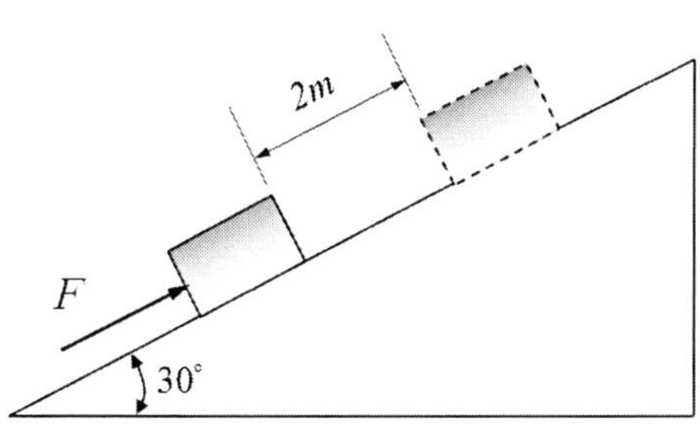

■ 풀이 ■

경사면에 놓인 물체에 대한 자유물체도를 그리면,

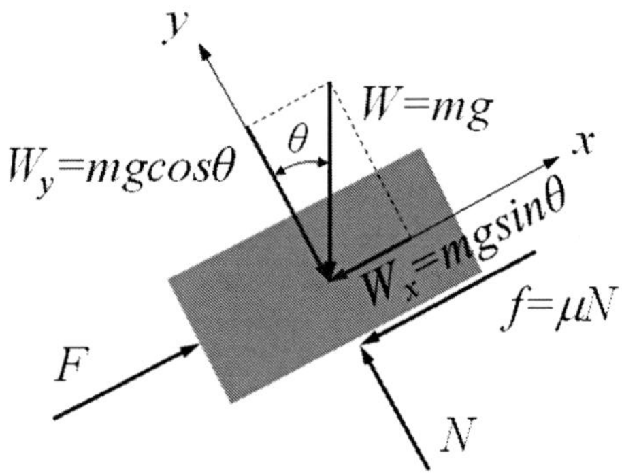

자유물체도를 이용하여 x-y방향에 대하여 평형조건을 적용한 후 f를 구하면,

$$\sum F_x = 0 : F - W_x - f = 0 \rightarrow F = W_x + f$$
$$\sum F_y = 0 : N - W_y = 0 \rightarrow N = W_y = mgcos30^\circ = 10 \times 9.81 \times \cos 30^\circ = 85.0\,\mathrm{N}$$

위에서 구한 수직항력 N을 이용하여 힘 F를 구하면,

$$F = W_x + f = mgsin30^\circ + \mu N = 10 \times 9.81 \times \sin 30^\circ + 0.2 \times 85 = 66.1\,\mathrm{N}$$

위에서 구한 힘의 크기를 이용하여 일의 양을 구하면,

$$W = F \times s = 66.1 \times 2 = 132\,\mathrm{J}$$

10.1.2 에너지

우리의 일상생활을 이루고 있는 에너지의 형태는 다양하다. 화학에너지, 열에너지, 빛에너지, 전기에너지, 핵에너지, 위치에너지, 운동에너지와 같은 것들이 모두 우리가 일상생활에서 만날 수 있는 에너지의 종류이다. 그러나 기계공학, 특히 공업역학에서 다루는 에너지는 역학적 에너지이며, 역학적 에너지에는 위치에너지와 운동에너지가 대표적이다. 그러므로 여기에서는 위치에너지와 운동에너지를 중심으로 사례를 찾아보고, 수학적으로 계산하는 방법에 대해서 살펴보도록 할 것이다.

에너지는 일을 할 수 있는 능력을 말하며, 특히 역학적 에너지는 이미 한 일을 저장하였다가 복원될 때 같은 양의 일을 외부에 하는 에너지를 말하는데, 이를 보존적 에너지라고도 한다. 그 외에도 공업역학에서 다루는 에너지 중 중요한 것으로 마찰에너지가 있는데, 이는 열로 소산되는 에너지이기 때문에 비보존적 에너지라 하며, 여기에서는 다루지 않을 것이다. 여기에서 다룰 에너지는 운동에너지와 위치에너지로, 위치에너지는 다시 중력 위치에너지와 탄성 위치에너지로 나눌 수 있다.

운동에너지 중력 위치에너지 탄성 위치에너지
다양한 종류의 역학적 에너지

운동에너지는 속도를 지닌 모든 물체가 지니고 있는 에너지로 다른 물체와 부딪힐 경우 상대 물체에 힘을 가하게 되고 그 물체를 움직여 이동하게 만들 수 있다. 운동하는 속도에 의해 발생하는 운동에너지의 크기는 다음과 같이 계산할 수 있다.

$$E_{운동} = \frac{1}{2}mv^2 \tag{식 10–5}$$

중력 위치에너지는 중력에 의한 일과 동일한 에너지를 지니기 때문에 중력에 의한 일로 에너지를 계산할 수 있다.

$$E_{중력} = mgh \tag{식 10–6}$$

탄성 위치에너지도 스프링에 의한 일과 동일하게 계산할 수 있으므로 다음과 같이 계산하면 된다.

$$E_{탄성} = \frac{1}{2}kx^2 \tag{식 10–7}$$

일상생활 경험상 역학적 에너지의 경우 중력 위치에너지와 운동에너지는 서로 교환될 수 있는 특징이 있다. 예를 들어, 번지점프를 하는 사람을 생각해보자. 번지점프를 하기 전에는 높은 위치에 있으므로 중력 위치에너지가 높은 상황인데 반해 속도는 0이기 때문에 운동에너지는 0이다. 그러나 번지점프를 하여 최저점에 도달할 때 중력 위치에너지는 최젓값을 지니지만 속도가 가장 높기 때문에 운동에너지는 가장 큰 값을 지니게 된다. 중간 위치에서는 운동에너지와 중력 위치에너지가 모두 공존하게 된다.

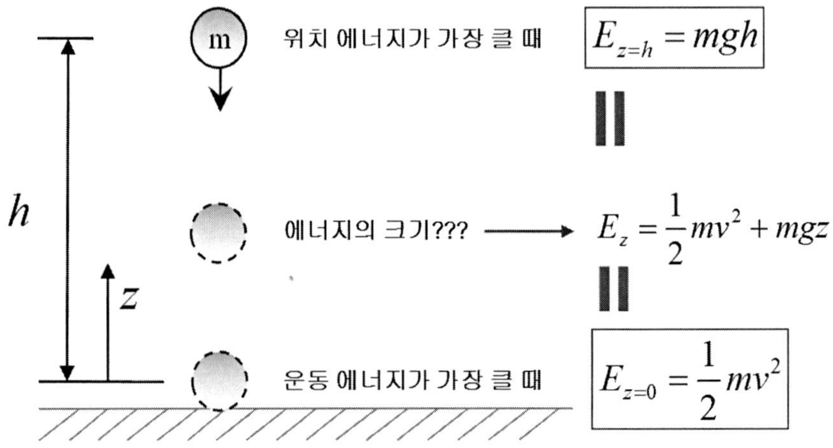

역학적 에너지의 상호변환 관계

역학적 에너지의 변환에 대한 대표적인 사례로 진자의 운동 문제를 들어보자. 최저점에 있던 진자에 대해 각도를 두고 진자를 놓을 경우 최저점을 지날 때 진자의 최고 속도를 계산해보자.

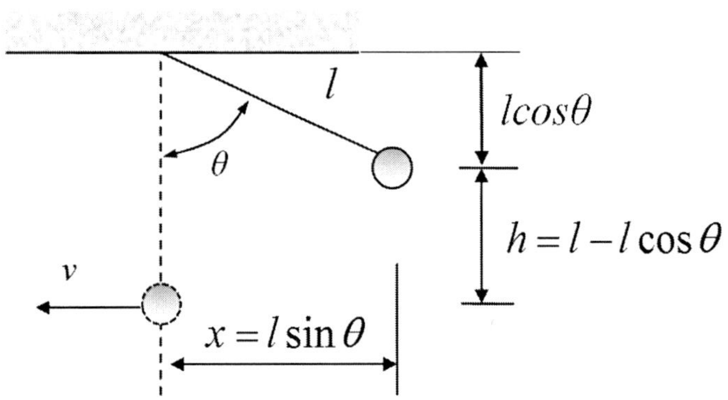

진자의 위치가 최저점일 때 중력 위치에너지가 0이라고 둔다면, 각도를 두고 속도 0인 상태에서 진자의 위치에너지는 다음과 같이 계산할 수 있다.

$$E_{중력} = mgh = mg(l - lcos\theta)$$

진자의 중력 위치에너지는 최저점을 지날 때 운동에너지로 모두 바뀌게 되므로 이를 계산하면 아래 수식과 같다.

$$E_{운동} = \frac{1}{2}mv^2$$

그러므로 중력 위치에너지와 운동에너지를 같다고 두면 다음과 같이 최저점에서 진자의 속도를 구할 수 있다.

$$E_{중력} = mg(l - l\cos\theta) = \frac{1}{2}mv^2 = E_{운동}$$
$$\rightarrow v = \sqrt{2gl(1-\cos\theta)}$$

10.2 동력

무거운 책상을 옮기는 문제를 생각해보자. 책상을 처음 위치로부터 멀리 떨어진 위치로 힘을 가하여 옮긴다고 할 때, 같은 책상에 대하여 A는 10초 만에 옮긴 데 반해 B는 1시간 만에 옮겼다고 하면 일을 한 양은 A와 B 모두 동일하지만, 일의 효율성(일을 한 속도)은 서로 다르다. 여기에서 동력이라는 개념이 등장하게 된다. 동력은 단위 시간당 한 일의 양이라고 정의할 수 있는데, 더 간단히 정의하면 일을 하는 속도라고 말할 수 있을 것이다. 동력의 개념을 정리하여 수식으로 표현하면 다음과 같다.

$$P = F \times v \qquad \text{(식 10-8)}$$

그러나 일을 계산할 때와 마찬가지로 힘을 가하는 방향과 물체가 움직이는 방향이 다를 경우 다음과 같이 계산할 수 있다.

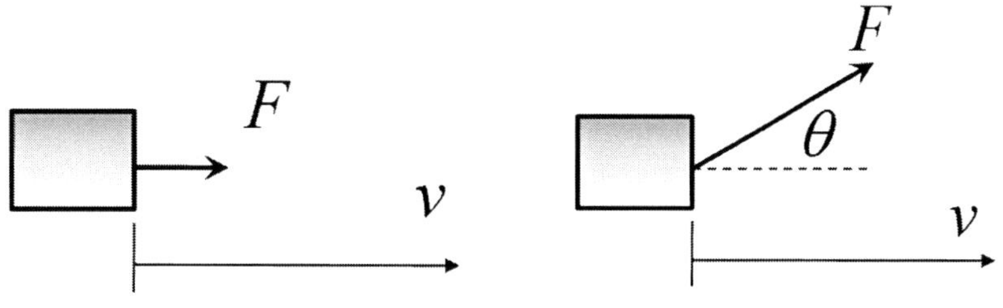

동력의 크기를 계산하는 방법

$P = Fcos\theta \times v$ (식 10-9)

■ 예제 2 ■

아래 그림과 같이 사각 블록에 힘을 가하여 전달되는 동력의 크기를 구하여라.

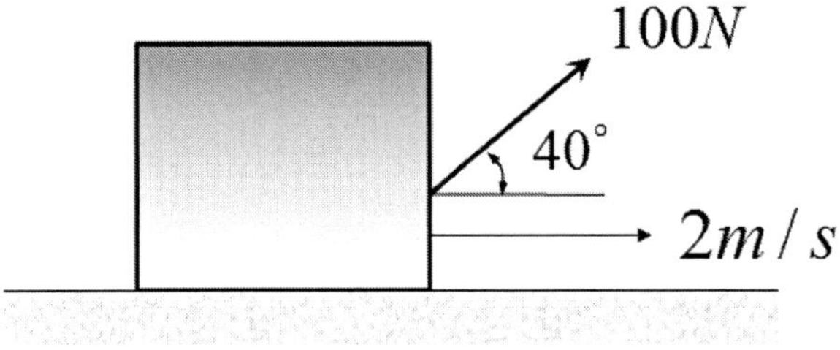

■ 풀이 ■

힘의 방향과 움직이는 방향이 서로 다르기 때문에 이를 계산할 수 있는 식을 이용하면,

$$P = Fcos\theta \times v = 100\cos 40° \times 2 = 153\,\mathrm{W}$$

10.3 운동량과 역적

10.3.1 운동량과 역적

자동차 사고를 목격한 경험이 있는가? 자동차 사고는 매우 짧은 순간 발생하기 때문에 부딪히는 순간 빠른 속도로 동일한 크기의 작용-반작용 힘이 매우 짧은 순간 가해진 후 다시 떨어지면서 반대 방향으로 부딪힐 때와 다른 속도로 움직이게 된다. 이와 같이 짧은 시간 부딪히면서 충격하중을 주고받는 현상은 당구공끼리 부딪히는 경우, 자동차가 과속방지턱을 지나가는 경우, 야구 배트로 공을 치는 경우, 망치로 벽에 못을 박는 경우 등 우리의 일상생활에서 다양하게 자주 경험할 수 있다. 이와 같은 현상에서 짧은 시간 힘이 가해지는 것을 역적이라고 하며, 충격이 발생하는 현상 전과 후의 질량과 속도를 곱한 물리량을 운동량이라고 한다. 이때 계산한 역적과 운동량 변화량은 서로 같은 값을 가진다는 것이 경험적으로 관찰되고 있다. 이를 수식으로 표현하면 다음과 같다.

$F \times \Delta t = mv - mv_0$ (식 10-10)

위의 식에서 좌변이 역적이고 우변이 운동량의 변화량이다. F는 충격이 발생할 때 가해진 힘(충격하중)이고 Δt는 충격이 발생한 짧은 시간이며 m은 질량, v는 나중 속도, v_0는 처음 속도이다.

위의 식을 잘 관찰해 보면, 충격하중을 작게 할 수 있는 방법으로 운동량의 변화량이 일정하다고 할 때 부딪히는 시간을 길게 하면 된다는 것을 알 수 있다. 이와 같은 원리를 이용한 자동차 부품으로 쇽업소버(shock absorber)가 있다. 쇽업소버는 자동차가 과속방지턱을 지나갈 때 실린더 내의 좁은 틈새를 유체가 느리게 지나가도록 하는 원리로 만들어진 부품이다. 유체가 느리게 지나가기 때문에 충격하중이 차체에 전달되는 시간이 지연되고, 충격하중이 작아지는 효과를 얻게 되어 운전자에게 전달되는 충격하중이 작아져 승차감이 좋아지는 결과를 얻게 된다.

■ 예제 3 ■

30m/s의 속도로 날아오는 무게 1kg인 공을 0.1초 사이에 멈추게 하려면 얼마의 힘이 필요한지 계산하라.

■ 풀이 ■

짧은 시간 동안 충격이 발생하는 현상이므로 역적과 운동량 수식을 적용하면,

$$F\times \Delta t = mv - mv_0 \rightarrow F\times 0.1 = 1\times(0-30) \rightarrow F = \frac{-30}{0.1} = -300\,\mathrm{N}$$

10.3.2 운동량 보존의 법칙

당구를 쳐본 적이 있는가? 아니면 야구 배트로 야구공을 쳐낸 경험이 있는가? 그때 두 물체가 부딪히기 전과 후 두 물체의 운동량의 합이 항상 동일하다는 것을 관찰할 수 있다. 이런 원리를 운동량 보존의 법칙이라고 하며 수식으로 표현하면 다음과 같다.

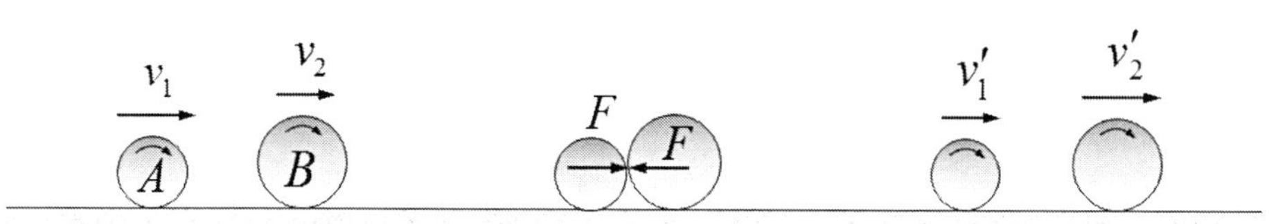

운동량 보존의 법칙

$$m_A v_1 + m_B v_2 = m_A v_1' + m_B v_2' \qquad \text{(식 10-11)}$$

■ **예제 4** ■

정지 상태에 있는 무게 200kg의 보트에서 무게 50kg인 사람이 앞으로 5m/s의 속도로 뛰어내렸다. 이때 보트의 후퇴속도를 구하여라.

■ **풀이** ■

정지 상태에 있는 보트이므로 처음에는 속도가 모두 0이다. 이를 적용하여 운동량 보존의 법칙을 이용하면,

$$m_A v_1 + m_B v_2 = m_A v_1' + m_B v_2' \rightarrow 200\times 0 + 50\times 0 = 200\times v_1' + 50\times 5$$
$$\rightarrow v_1' = \frac{-50\times 5}{200} = -1.25\,\mathrm{m/sec}$$

10.4 충돌

앞에서 살펴본 대로 자동차 충돌이나 당구공의 충돌과 같이 매우 짧은 시간동안 두 물체가 부딪히면 부딪히기 전과 후 속도의 변화가 매우 크다. 이런 현상을 충돌이라고 한다. 충돌 현상이 발생할 경우 충돌 현상 전과 후 두 물체의 속도 변화를 살펴보는 것만으로도 물체의 특성을 예측할 수 있다. 이때 충돌 현상 전과 후 두 물체의 속도 비를 수식으로 표현한 것을 반발계수라고 한다.

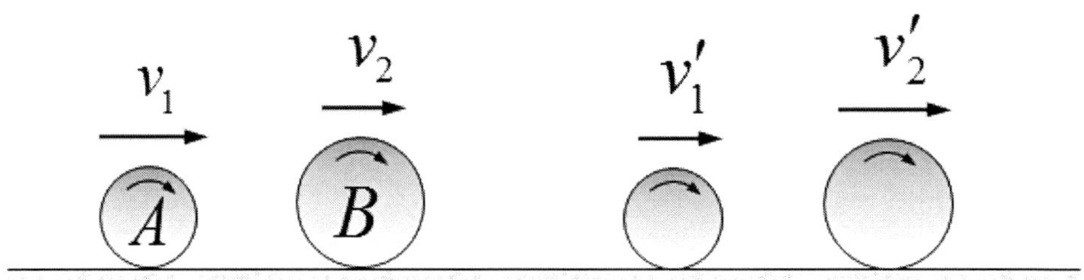

충돌 전 충돌 후

충돌 현상의 전과 후

$$e(\text{반발계수}) = \left|\frac{v_1' - v_2'}{v_1 - v_2}\right| \qquad \text{(식 10–12)}$$

반발계수의 크기에 따라 두 물체의 충돌 특성을 구분해보면, ① 완전탄성충돌의 경우 반발계수가 1이며, 두 물체가 질량이 같은 경우 충돌 전과 후 서로의 속도를 교환하게 된다. ② 완전비탄성충돌의 경우 반발계수가 0이며 두 물체가 충돌 후 합쳐져 함께 운동하게 된다.

③ 비탄성충돌의 경우 반발계수가 0<e<1의 구간에 있으며 일반적인 충돌현상이 대부분 여기에 속한다. 반발계수가 1에 가까운 경우 완전탄성충돌에 가까운 것이고 반발계수가 0에 가까울 경우 완전비탄성충돌에 가까운 것이 된다. 예를 들어, 마르지 않고 습기가 충분한 찰흙과 찰흙을 충돌시켰을 때 두 개의 찰흙이 함께 움직이는 경우 완전비탄성충돌에 해당할 것이다. 반대로 당구공을 서로 부딪칠 경우에는 완전탄성충돌에 가까운 운동을 하게 될 것이다.

■ 예제 5 ■

어떤 구슬이 높이 0.8m에서 자유낙하한 후, 수평면에서 높이 0.5m까지 튀어 올랐다. 이때 반발계수를 구하여라.

■ 풀이 ■

구슬이 부딪히는 대상은 땅바닥이므로 충돌이 발생하는 두 물체는 구슬과 땅바닥이다. 여기서 땅바닥의 속도는 항상 0이므로 땅바닥에 부딪히는 구슬의 속도만 구하면 된다.

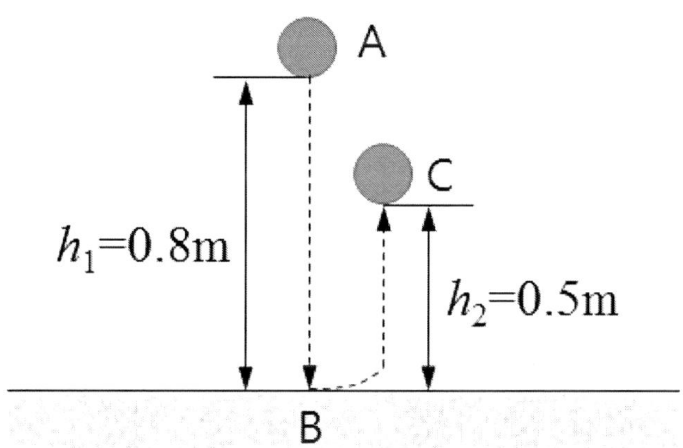

그러므로 B점에서 부딪히는 순간의 속도를 먼저 구해야 하는데, 이 속도는 A점에서 공이 떨어져 B점인 땅바닥에 닿을 때의 속도이므로 A점에서의 중력 위치에너지와 B점에서의 운동에너지가 동일하다는 원리를 이용하면 쉽게 구할 수 있다.

$$E_{중력} = mgh_1 = \frac{1}{2}mv_1^2 = E_{운동}$$

$$\rightarrow v_1 = \sqrt{2gh_1} = \sqrt{2 \times 9.81 \times 0.8} = 3.96\mathrm{m/sec}$$

그 다음에는 B점에서 부딪친 후 다시 튕겨 올라갈 때의 속도를 구해야 하는데, 이 속도는 C점에서 공이 떨어져 B점인 땅바닥에 닿을 때의 속도와 동일하다. 따라서 C점에서의 중력 위치에너지와 땅바닥에 닿을 때의 운동에너지가 동일하다는 원리를 이용하면,

$$E_{중력} = mgh_2 = \frac{1}{2}mv_1^{'2} = E_{운동}$$
$$\rightarrow v_1^{'} = \sqrt{2gh_2} = \sqrt{2 \times 9.81 \times 0.5} = 3.13\text{m/sec}$$

위에서 구한 구슬의 충돌 전과 후 속도를 이용하여 반발계수를 구하면,

$$e = \left| \frac{v_1^{'} - v_2^{'}}{v_1 - v_2} \right| = \left| \frac{3.13 - 0}{3.96 - 0} \right| = 0.79$$

연습문제

1. 아래 그림과 같이 3m의 줄을 가진 그네 나무판의 무게는 500g이라고 한다. 이때 그네를 60 ° 의 각도로 올렸다가 놓을 때 최대 속도는 얼마인지 계산하라.

2. 무게 1000kg인 해머를 5m 높이에서 자유낙하시켜 무게 200kg의 말뚝을 20cm 박았다. 지면의 평균 저항력을 구하라.

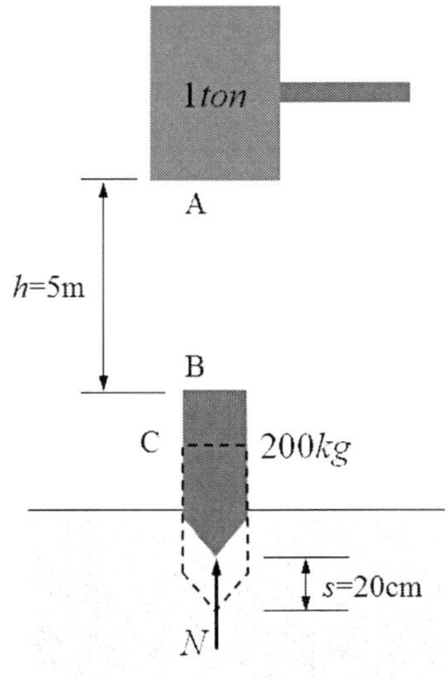

연습문제 풀이

1. 진자 문제를 계산하는 과정과 동일하므로 그네에 대해 그림을 그리면,

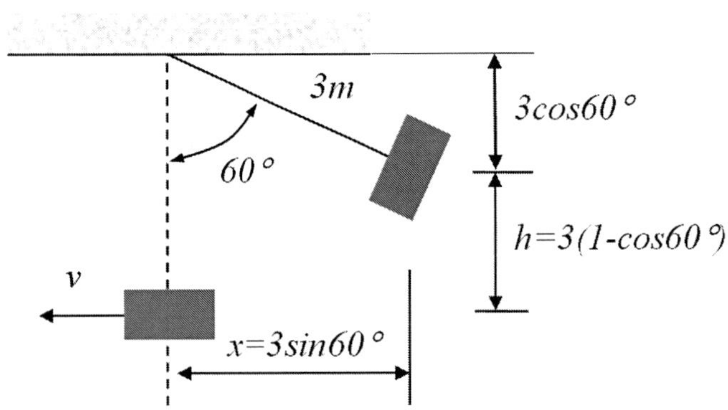

그네의 위치가 최저점일 때 중력 위치에너지가 0이라고 둔다면, 60° 각도를 두고 속도 0인 상태에서 그네의 위치에너지와 속도가 최대인 최저점에서의 운동에너지가 같다고 두어 속도를 계산하면,

$$E_{중력} = mg \times 3(1-\cos60°) = \frac{1}{2}mv^2 = E_{운동}$$
$$\rightarrow v = \sqrt{2 \times 9.81 \times 3(1-\cos60°)} = 5.4\,\mathrm{m/sec}$$

2. 이 문제는 해머의 중력 위치에너지가 운동에너지로 바뀐 다음, 말뚝과 부딪히기 전과 후에 대하여 운동량 보존의 법칙을 적용하여 말뚝이 박히기 시작하는 속도를 구한 후 다시 등가속도운동을 고려하여 지면 저항력을 구하는 문제로 분리하여 문제를 풀면 된다. 이를 위해 먼저 해머의 초기 위치에서의 중력 위치에너지가 말뚝과 부딪히는 순간 운동에너지와 동일하다는 수식을 이용하여 B점에 도착할 때의 해머의 속도를 구하면,

$$E_{중력} = mg \times 5 = \frac{1}{2}mv_{해}^2 = E_{운동}$$
$$\rightarrow v_{해} = \sqrt{2 \times 9.81 \times 5} = 9.90\,\mathrm{m/sec}$$

해머의 속도를 이용하여 말뚝과 부딪히기 전과 후의 운동량 보존의 법칙을 적용하면,

$$m_{해}v_{해}+m_{말}v_{말}=m_{해}v'_{해}+m_{말}v'_{말} \rightarrow 1000\times 9.9+200\times 0=(1000+200)\times v_{전체}$$
$$\rightarrow v_{전체}=\frac{1000\times 9.9}{1000+200}=8.25\,\mathrm{m/sec}$$

위에서는 해머가 말뚝에 닿은 후 해머와 말뚝이 붙어서 함께 움직이는 것으로 생각하여 계산하였다. 해머가 말뚝과 하나가 되어 땅 속으로 움직이기 시작하면 처음 지녔던 속도가 줄어들어 결국 속도가 0인 상태가 될 때까지 말뚝은 땅 속에 박힐 것이고, 땅은 말뚝이 박히지 못하도록 저항할 것이다. 이것은 초기 변위가 0인 등가속도운동으로 가정하면 쉽게 계산할 수 있으므로 이를 이용하여 지면 저항력을 계산하면,

$$v^2-v_{전체}^2=2as$$
$$\rightarrow a=\frac{0^2-v_{전체}^2}{2s}=\frac{0^2-8.25^2}{2\times 0.2}=-170\,\mathrm{m/sec^2}$$

위에서 구한 가속도를 이용하여 지면 저항력 N을 구하면,

$$F=ma \rightarrow N=(1000+200)\times(-170)=-204\,\mathrm{kN}$$

11장

원운동

11.1 원운동 사례

우리의 일상생활 속에는 직선운동만 있는 것이 아니며, 곡선운동, 특히 원운동 사례가 매우 많다. 사실 대부분의 운동은 곡선운동으로 분류할 수 있으며 운동의 곡선 형태가 미미할 경우 직선운동으로 가정하여 운동을 분석하게 된다. 곡선운동 중 원운동은 우리 주위에서 자주 발견할 수 있는 운동 형태이다. 예를 들면, 지구의 자전 운동이나 여름철 집안에서 사용하는 선풍기 날개의 운동, 자동차 바퀴의 회전운동, 시계의 시침·분침·초침의 운동이 있으며, 골프 스윙이나 야구 방망이를 휘두르는 타자의 스윙, 웨이트 트레이닝 운동 중 덤벨 컬과 같은 운동들도 원운동으로 분류될 수 있다. 이와 같은 원운동에 대한 분석을 지금부터 운동학 관점에서 살펴보기로 하자.

지구 자전에 의한 현상

선풍기 날개

자동차 바퀴

시계의 시침/분침/초침

골프 스윙

야구 스윙

덤벨 컬

일상생활에서 볼 수 있는 원운동 사례

11.2 극좌표계

좌표계의 종류는 크게 직교좌표계, 원통좌표계, 구면좌표계로 나눌 수 있다. 직교좌표계는 직선운동을 분석하기 위해 사용하고, 원통좌표계와 구면좌표계는 원운동을 분석하기 위해 사용한다. 2차원적인 원운동을 분석하기 위해서 극좌표계를 사용하는데, 따라서 극좌표계는 2차원적인 원통 및 구면좌표계라고 볼 수 있다.

극좌표계는 물체의 위치와 운동을 길이 1개와 각도 1개로 표현하는 좌표계이다. 그러므로 원운동을 제대로 표현하기 위해서는 극좌표계를 사용하면 편리하다. 극좌표계에서는 반지름과 회전 각도를 이용하여 원운동을 쉽게 표현할 수 있다.

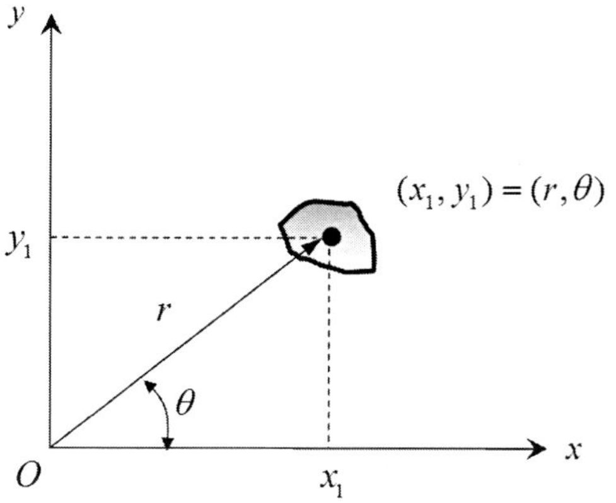

직교좌표계와 극좌표계

원래 직교좌표계로 표현된 물체의 위치를 극좌표계로 바꾸는 과정은 다음과 같이 피타고라스의 정리와 삼각비를 이용하면 된다.

$$r = \sqrt{x_1^2 + y_1^2},\ \theta = \tan^{-1}(\frac{y_1}{x_1}) \quad \text{(식 11-1)}$$

그리고 반지름과 회전 각도를 이용하여 극좌표계에서 직교좌표계로 변환하는 과정은 다음과 같다.

$$x_1 = rcos\theta \quad \text{(식 11-2)}$$
$$y_1 = rsin\theta$$

■ 예제 1 ■

아래 그림과 같은 위치에 있는 물체의 x-y 좌표를 극좌표계로 나타내라. (단, 각도는 라디안으로 표시한다.)

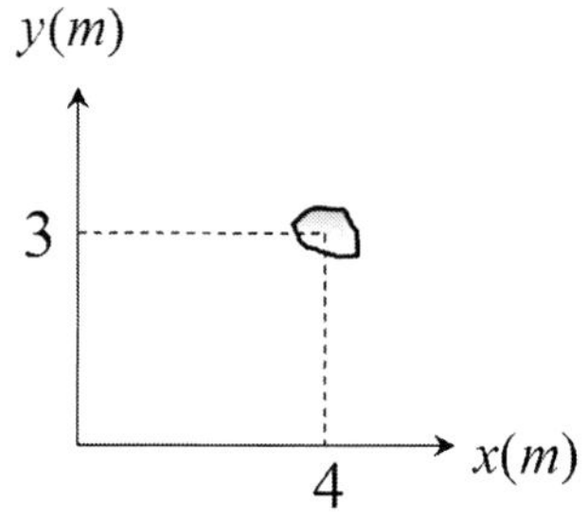

■ 풀이 ■

반지름과 각도를 먼저 구하면,

$$r = \sqrt{4^2+3^2} = 5\text{m}$$
$$\theta = \tan^{-1}(\frac{3}{4}) = 36.9^\circ$$

위에서 디그리(degree) 각도를 라디안 각도로 다시 변환하면,

$$\pi = 180^\circ \rightarrow 1^\circ = \frac{\pi}{180} \rightarrow 36.9^\circ = 36.9 \times \frac{\pi}{180} = 0.644$$

그러므로 직교좌표계로 표시된 (4, 3)을 극좌표계로 표시하면 (5, 0.644)가 된다.

11.3 원운동의 종류

11.3.1 일반적인 원운동

일반적인 곡선운동에 대해 변위, 속도, 가속도를 극좌표계 표시법을 이용하면 매우 복잡하게 표시되지만, 원운동의 경우에는 간단하게 정리할 수 있다. 곡선운동의 변위, 속도, 가속도를 표시하는 수식은 매우 복잡할 뿐 아니라 실무에서 사용하는 경우가 거의 없으므로, 실무에서 많이 사용되는 원운동 수식을 간단하게 정리해보도록 하자. 원운동의 선변위는 반지름과 회전각도이며 선속도는 반지름 방향 속도와 접선(원주) 방향 속도로 나눌 수 있고, 선가속도의 경우에도 반지름 방향 가속도와 접선 방향 가속도로 나눌 수 있다. 반지름 방향 속도와 가속도는 아래 첨자로 r을 쓰고, 접선 방향 속도와 가속도는 아래 첨자로 θ를 사용한다. r과 θ를 아래 첨자로 사용하여 원운동의 선속도를 수식으로 표현하면 아래와 같다.

$$v_r = 0,\ v_\theta = r\omega \qquad \text{(식 11-3)}$$

여기서 ω는 각속도라고 한다. 앞서 분당 회전수를 이용하여 각속도를 계산하는 방법을 배웠는데 한 번 더 표시하면 다음과 같다.

$$\omega = \frac{2\pi N}{60}(rad/\sec) \qquad \text{(식 11-4)}$$

여기서 N은 분당 회전수(rpm)이다. 또한 원운동의 선가속도를 수식으로 표현하면 다음과 같다.

$$a_r = -r\omega^2,\ a_\theta = r\alpha \quad \text{(식 11-5)}$$

여기에서 α는 각가속도라고 하며 단위는 rad/sec^{2}이다.

원운동은 일정 공간 안에서 이루어지기 때문에 사용자가 원운동의 특성을 제어할 수 있는 경우가 많다. 예를 들어 선반작업을 할 때 스핀들의 속도를 일정한 속도로 제어할 수 있다. 이와 같이 원운동의 속도나 가속도를 제어할 수 있는 경우가 많으므로 지금부터 원운동의 속도와 가속도를 일정한 값으로 제어하는 등각속도 및 등각가속도 원운동에 대해 살펴보자.

11.3.2 등각속도 원운동

등각속도 원운동은 일상생활에서 자주 경험할 수 있는 운동이다. 예를 들어, 절삭가공을 할 때나 밀링이나 선반을 이용한 가공을 할 때는 일정한 분당 회전수를 가공 조건으로 설정하고 가공을 한다. 또 장난감 자동차의 속도를 제어할 때 모터의 회전 속도를 일정하게 유지하는 경우가 많다. 그러므로 등각속도 원운동에 대해 분석하는 능력은 중요하다.

선반 가공

선풍기 날개

대관람차

등각속도 운동의 사례

등각속도 원운동은 이름에서 알 수 있듯이 각속도가 일정한 운동이다. 다시 말하면, 각속도 ω가 일정한 값을 가지는 운동이다. 각속도가 일정하기 때문에 각가속도는 자동적으로 0이 된다. 그러므로 원운동의 선속도 및 선가속도는 다음과 같이 쓸 수 있다.

$$v_r = 0,\ v_\theta = r\omega \quad \text{(식 11-6)}$$

$$a_r = -r\omega^2,\ a_\theta = 0 \quad \text{(식 11-7)}$$

여기서 반지름 방향 가속도는 접선 방향 선속도를 이용하여 아래와 같이 쓸 수 있다.

$$a_r = -r\omega^2 = -r\times(\frac{v_\theta}{r})^2 = -\frac{v_\theta^2}{r}$$

■ 예제 2 ■

선반으로 반지름 50mm의 강철봉을 절삭하려고 한다. 절삭 속도(원주 속도)를 120m/min로 하려면, 주축의 회전수를 얼마로 하면 되겠는가?

■ 풀이 ■

선반의 원주(접선) 방향 속도가 일정하므로 등각속도 운동으로 분류할 수 있다. 각속도를 먼저 구하면,

$$v_\theta = r\omega \rightarrow \omega = \frac{v_\theta}{r} = \frac{2}{0.05} = 40rad/\sec$$

위에서 구한 각속도를 이용하여 분당 회전수를 구하면,

$$\omega = \frac{2\pi N}{60} \rightarrow N = \frac{60\omega}{2\pi} = \frac{60\times40}{2\pi} = 382\text{rpm}$$

11.3.3 등각가속도 원운동

등각가속도 원운동은 일상생활에서 자주 경험하기 어려운 운동이다. 그러나 각속도가 변하는 원운동의 경우 순간순간 각가속도가 일정한 경우가 발생할 수 있으므로 등각가속도 원운동에 대해 분석하는 능력은 중요하다.

등각가속도 원운동은 이름에서 알 수 있듯이 각가속도가 일정한 운동이다. 다시 말하면, 각가속도 α가 일정한 값을 가지는 운동이다. 각가속도가 일정하다는 조건을 이용하여 원운동의 선속도 및 선가속도를 수식으로 표현하면 다음과 같이 쓸 수 있다.

$$v_r = 0, v_\theta = r\omega \quad \text{(식 11-8)}$$

$$a_r = -r\omega^2,\ a_\theta = r\alpha \quad \text{(식 11-9)}$$

여기서 각가속도가 일정하므로 시간에 대해 한 번 적분하면 각속도를 구할 수 있고, 두 번 적분하면 각도 변위를 구할 수 있다.

$$w = \alpha t + \omega_0 \quad \text{(식 11-10)}$$
$$\theta = \frac{1}{2}\alpha t^2 + \omega_0 t + \theta_0$$

■ 예제 3 ■

모터를 작동시킨 후 회전 각가속도가 약 3초간 0.2rad/sec^{2}의 일정한 값을 지닌다고 할 때, 등각가속도 운동을 시작하고 나서 2초 후의 각속도, 회전 각도, 분당 회전수를 구하라.

■ 풀이 ■

각가속도가 0.2rad/sec^{2}의 등각가속도 운동이므로 각속도와 각도 변위를 계산하는 공식을 이용하면,

$$\omega = 0.2 \times 2 = 0.4 rad/\sec$$
$$\theta = \frac{1}{2} \times 0.2 \times 2^2 = 0.4 rad \rightarrow 1 rad = \frac{180^\circ}{\pi} \rightarrow 0.4 rad = 0.4 \times \frac{180^\circ}{\pi} = 22.9^\circ$$

위에서 구한 각속도를 이용하여 분당 회전수를 구하면,

$$\omega = \frac{2\pi N}{60} \rightarrow N = \frac{60\omega}{2\pi} = \frac{60 \times 0.4}{2\pi} = 3.82\text{rpm}$$

11.4 각운동 방정식

피겨 스케이트 경기를 본 적이 있는가? 피겨 스케이트 선수가 점프하기 전에는 팔을 벌렸다가 점프 중에는 팔을 몸에 붙이고, 점프가 끝나면 다시 팔을 벌리는 장면을 볼 수 있다. 또 회전하는 동작을 할 때 팔을 벌리면 회전 속도가 느리고 팔을 몸에 붙이면 회전 속도가 증가하는 장면을 관찰할 수 있다. 이와 같이 팔을 펴고 오므리는 동작에 따라 스케이트 선수의 회전 속도가 증가하고 감소하는 이유가 무엇인지 지금부터 살펴보도록 할 것이다.

물체의 회전운동을 분석하기 위해서는 회전운동의 기본 방정식을 이해할 수 있어야 한다. 직선운동에서 가속도의 법칙을 이용하여 문제를 해결한 것처럼 회전운동의 경우에도 기본 방정식이 존재한다. 회전운동의 방정식을 이해하기 위해 직선운동의 방정식을 먼저 상기해보자.

$$F = ma \quad \text{(식 11-11)}$$

직선운동에서 F는 힘, m은 질량, a는 가속도이었던 것처럼 회전운동에서도 마찬가지로

회전에서의 힘에 해당되는 토크, 직선운동에서 질량에 해당되는 회전 관성모멘트, 직선운동에서 가속도에 해당되는 각가속도를 이용하여 회전에서의 운동방정식을 표현할 수 있다.

$$T = I\alpha \quad \text{(식 11-12)}$$

여기서 토크는 힘과 회전 반지름과의 곱으로, 단위는 N · m를 사용한다. 회전 관성모멘트는 질량과 거리의 제곱과의 곱으로 계산되지만 단위는 kg · m^2/rad를 사용하여 회전에 관한 개념이 포함되어 있고, 각가속도는 rad/sec^2 단위를 사용한다. 여기서 토크와 각가속도는 우리가 이미 다 배웠지만, 회전 관성모멘트는 아직 배우지 않은 부분이므로 지금부터 자세하게 설명하도록 할 것이다.

11.5 회전 관성모멘트

11.5.1 회전 관성모멘트의 개념

회전 관성모멘트는 직선운동의 질량과 같은 역할을 한다고 생각하면 된다. 직선운동에서 물체의 질량이 크면 클수록 정지 상태에서 움직이게 하는 힘이 많이 드는 것처럼, 회전운동에서도 회전 관성모멘트가 크면 클수록 회전운동을 시작하게 만드는 회전력이 더 많이 든다. 회전운동에서 회전하지 못하게 만드는 것은 질량의 크기뿐 아니라 중심에서부터의 거리도 비슷한 역할을 한다. 그러므로 회전 관성모멘트는 질량과 거리에 관한 식으로 구성된다.

그러므로 회전운동에 영향을 미치는 요소를 관찰해보면, 정지한 물체를 회전시키기 위해 필요한 회전력을 토크, 회전한 변위를 각도, 마지막으로 회전하는 데 필요한 회전 관성 능력을 회전 관성모멘트라고 생각하면 된다. 토크를 계산하기 위해 힘과 반지름을 구하듯 직선의 운동방정식으로부터 회전에 관한 각운동방정식을 유도함으로써 회전 관성모멘트를 유도해보자.

먼저 힘에 반지름을 곱하면 토크가 계산되므로 이를 적용하면 다음과 같이 토크에 관한 식을 구할 수 있다.

$$F \times r = ma \times r$$

위에서 힘과 반지름의 곱을 토크로 바꾸고 선가속도를 각가속도의 항으로 표현하면,

$$T = m \times r\alpha \times r$$

위의 식을 반지름에 관해 정리하면,

$$T = mr^2 \alpha$$

그러므로 회전 관성모멘트 I는 다음과 같이 정리할 수 있다.

$$I = mr^2 \qquad \text{(식 11-13)}$$

위의 수식에서는 질량과 반지름 제곱의 곱으로 나타나지만, 회전에 관한 관성모멘트이므로 실제로는 회전 각도당 질량과 반지름 제곱의 곱으로 나타낼 수 있다고 보면 될 것이다. 회전 관성모멘트를 일반적인 적분식으로 표현하면 다음과 같다.

$$I = \int r^2 dm \qquad \text{(식 11-14)}$$

위의 식을 이용하여 다양한 형상의 물체에 대해 회전 관성모멘트를 계산할 수 있지만, 일단 여기서는 그 과정은 생략하고 몇 가지 간단한 형상에 대한 결과를 정리한 후 그 결과를 이용하여 여러 가지 회전운동 문제를 다루어보고자 한다.

11.5.2 회전 관성모멘트 계산 사례

회전운동에서 가장 많이 사용되는 물체는 막대기 형상이다. 단면의 형상과 상관없이 단면의 크기에 비해 길이가 길면 막대기 형상이라고 볼 수 있는데, 막대기 형상에 대한 회전 관성모멘트의 값은 다음과 같다.

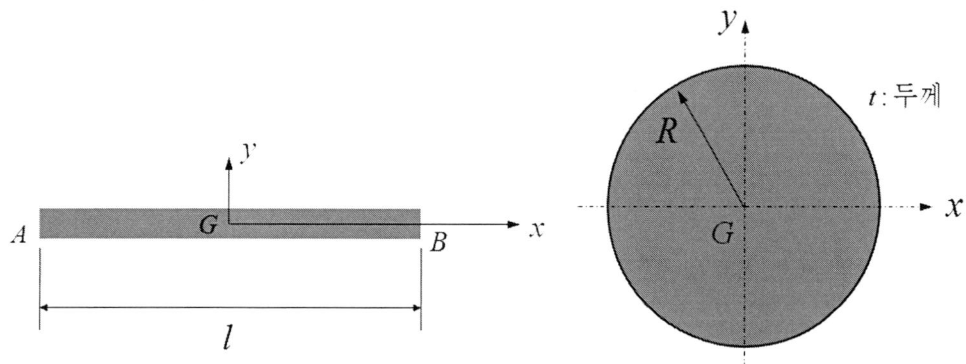

막대기 및 원판 형상

$$I_G = \frac{1}{12}ml^2 \qquad \text{(식 11-15)}$$

여기서 아래 첨자 G는 무게 중심을 의미하므로 위의 식은 무게중심 위치에 대한 회전 관성모멘트를 의미한다. 두 번째 많이 사용되는 물체는 원판 형상으로, 두께가 원판의 직경에 비해 작고, 회전 관성모멘트 값은 다음과 같다.

$$I_G = \frac{1}{2}mR^2 \qquad \text{(식 11-16)}$$

세 번째 많이 사용하는 물체는 사각형 판 형상으로, 직사각형 형상의 가로 및 세로 길이에 비해 두께가 작으며, 회전 관성모멘트 값은 다음과 같다.

$$I_G = \frac{1}{12}m(a^2 + b^2) \qquad \text{(식 11-17)}$$

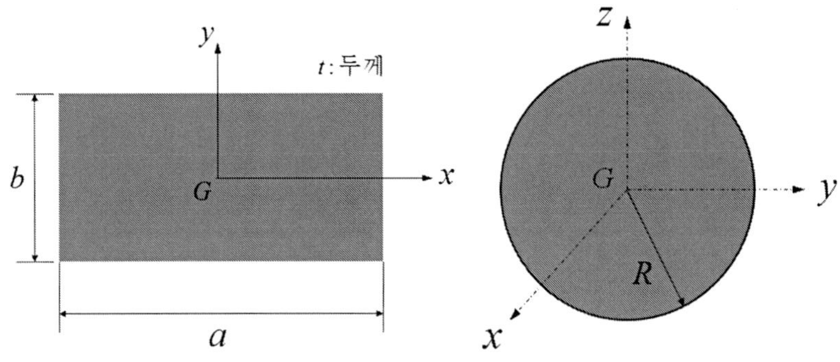

사각형 판과 구 형상

네 번째 많이 사용하는 물체는 구 형상으로, 회전 관성모멘트의 값은 다음과 같이 구할 수 있다.

$$I_G = \frac{2}{5}mR^2 \qquad \text{(식 11-18)}$$

위의 네 가지 형상 외에는 식 11-14에서 정의한 수식을 이용해 계산하면 된다.

11.5.3 스테너의 원리와 직교축의 원리

위에 소개한 회전 관성모멘트의 값은 무게중심 위치에 대한 회전 관성모멘트이지만, 물체의 회전 중심이 항상 무게중심이 될 수는 없다. 물체의 회전운동이 무게중심을 벗어난 위치를 중심으로 이루어질 경우에는 스테너의 원리(평행축 정리)를 이용하여 계산하면 된다.

스테너의 원리가 적용될 수 있는 수학적 원리를 설명하기 위해서는 긴 수학적 유도과정이 필요하지만, 여기서는 유도과정을 생략하고 스테너의 원리를 어떻게 활용할 수 있는지 집중적으로 설명할 것이다. 아래 그림과 같이 무게중심에서 벗어난 위치 O를 중심으로 회전하는 운동의 경우 직선거리는 d이며, x, y-좌표로 표시하면 (x_1, y_1) 위치라고 하면 다음과 같이 O점을 중심으로 한 회전 관성모멘트를 표현할 수 있다.

$$I_O = I_G + md^2 = I_G + m(x_1^2 + y_1^2) \qquad \text{(식 11-19)}$$

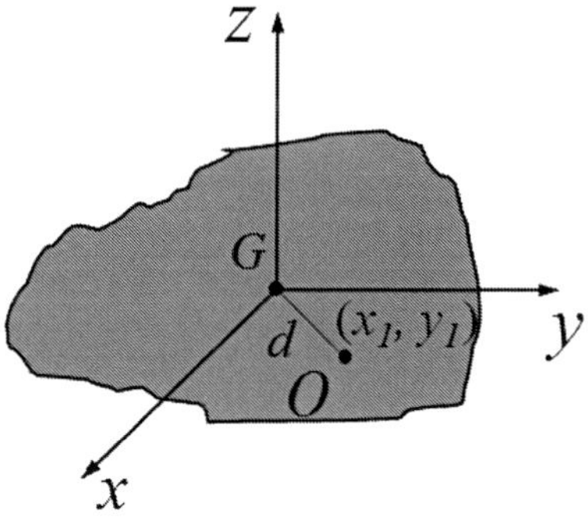

스테너의 원리를 설명하는 그림

■ 예제 4 ■

아래의 그림과 같이 무게 중심점 G로부터 x-방향으로 R/2만큼 편심된 위치 O에서의 회전 관성모멘트를 구하여라. (단, 질량 1kg, 반지름 20cm이다.)

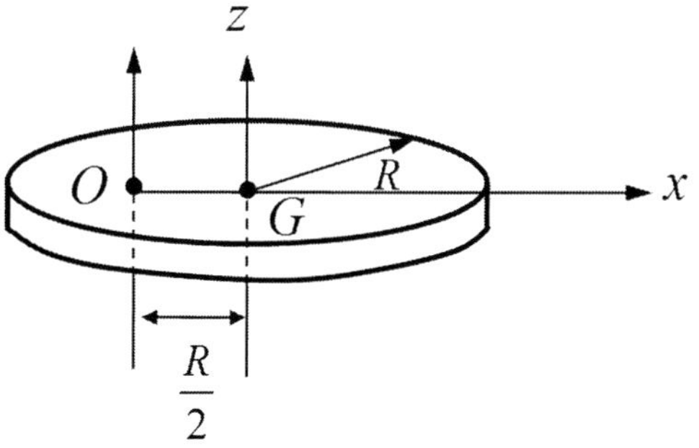

■ 풀이 ■

원판의 회전 관성모멘트 계산식과 스테너의 원리를 이용하여 계산하면,

$$I_O = I_G + md^2 = \frac{1}{2}mR^2 + m\times(\frac{R}{2})^2 = \frac{1}{2}mR^2 + \frac{1}{4}mR^2 = \frac{3}{4}mR^2$$
$$= \frac{3}{4}\times 1\times 0.2^2 = 0.03\,\text{kg} \cdot \text{m}^2/\text{rad}$$

회전 관성모멘트의 종류는 직교좌표계 기준으로 3가지가 가능한데, 왜냐하면 x, y, z-축 각각에 대한 회전운동이 모두 가능하기 때문이다. 그러므로 물체의 무게중심에 대한 회전 관성모멘트를 계산할 때 회전축에 대한 계산방법을 살펴보는 것은 중요하다. 물체의 x, y-축에 대해 수직방향에 대한 회전 관성모멘트와 x축 및 y축에 관한 회전 관성모멘트의 관계에 대한 계산방법은 직교축의 원리가 잘 설명하고 있다.

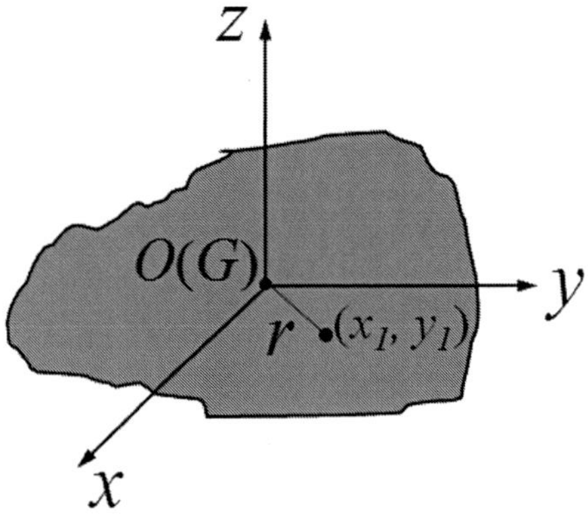

직교축의 원리를 설명하는 그림

직교축의 원리를 설명하기 위해 회전 관성모멘트를 계산하는 적분식을 이용하면,

$$I_p = \int r^2 dm = \int (x_1^2 + y_1^2)dm = \int x_1^2 dm + \int y_1^2 dm = I_x + I_y \quad \text{(식 11-20)}$$

그러므로 위의 수식을 정리하여 간단히 설명하면, x-축에 대한 회전 관성모멘트와 y-축에 대한 회전 관성모멘트를 더한 값은 x,y-축에 수직방향으로 회전하는 운동에 대한 회전 관성모멘트와 동일하다는 것이 직교축의 원리이다. 이때 x,y-축에 수직방향으로 회전하는 운동에 대한 회전 관성모멘트를 극관성모멘트라고 한다.

■ **예제 5** ■

아래 그림과 같은 원판의 극관성모멘트 I_p가 아래와 같이 주어져있다. 이때, I_x와 I_y를 구하여라. (단, 질량은 2kg, 반지름은 10cm이다.)

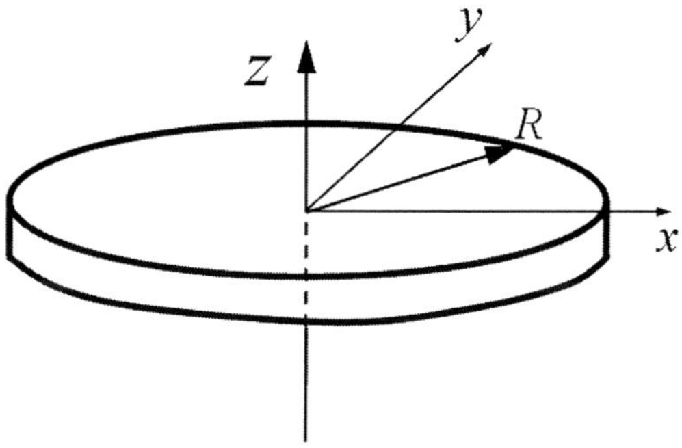

■ **풀이** ■

원판에 대한 회전 관성모멘트의 수식과 직교축의 원리 그리고 I_x와 I_y가 동일하다는 것을 이용하면,

$$I_p = I_x + I_y = 2I_x \rightarrow \frac{1}{2}mR^2 = 2I_x$$

$$\rightarrow I_x = \frac{1}{4}mR^2 = \frac{1}{4}\times 2\times 0.1^2 = 0.005kg \cdot m^2/rad$$

연습문제

1. 아래 그림과 같이 물체가 운동하고 있을 때, 각속도와 각가속도가 일정한 값으로 주어져 있다. 또한 물체의 지름 방향 위치는 시간에 따라 변하지 않는다고 할 때, 지름방향 및 원주 방향의 속도 및 가속도를 구하여라.

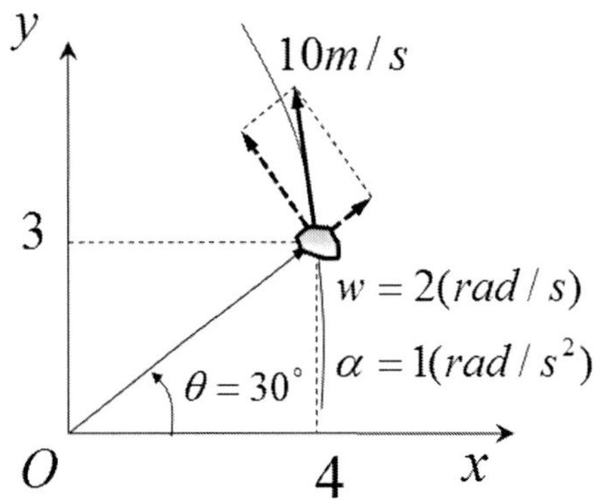

2. 지름 40cm의 벨트 풀리를 갖는 전동기의 축의 회전수가 1600rpm일 때, 각속도 및 벨트 풀리의 원주 속도를 구하여라.

3. 아래 그림과 같이 정지해 있던 길이 10cm 막대기형 보의 한쪽 끝을 회전 중심으로 다른 쪽 끝에 수직 방향으로 힘을 가하여 회전 운동을 한다고 할 때 300rpm이 되는 순간의 각가속도와 처음 가해준 힘을 구하여라. (단, 막대기의 전체 질량은 10kg이라고 한다.)

$$\alpha = 4t$$

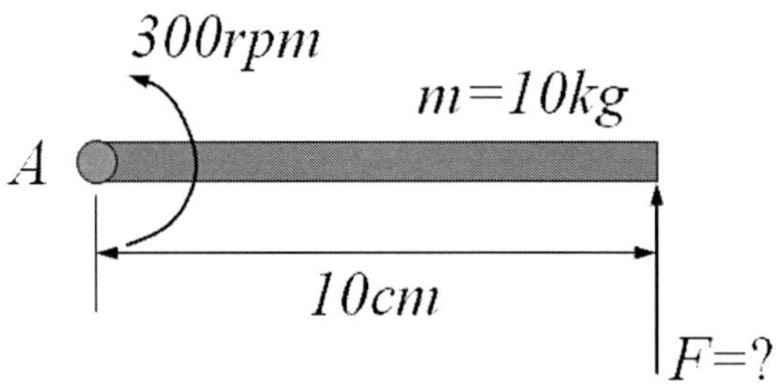

4. 정지해 있는 반지름 10cm인 원판의 중심에 베어링을 설치한 후 원주 방향으로 힘을 가하여 회전 운동을 한다고 할 때, 200rpm이 되는 순간의 각가속도와 처음 가해준 힘을 구하여라. (단, 원판의 전체 질량은 2kg이라고 한다.)

$$\alpha = 2t$$

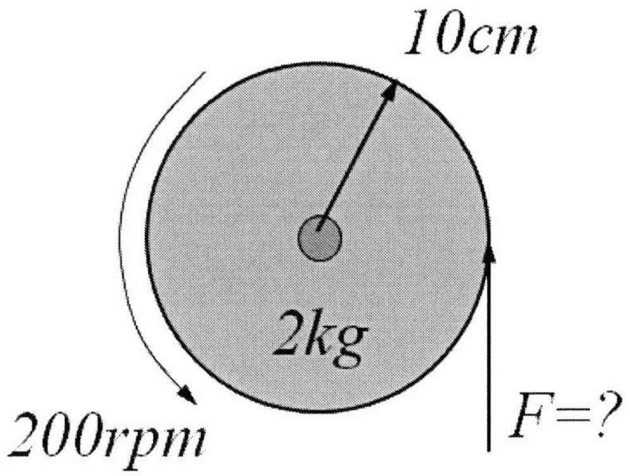

연습문제 풀이

1. 물체의 지름 방향 위치가 변하지 않기 때문에 원운동이라는 것을 알 수 있고, 순간적인 물체의 위치를 이용하여 반지름을 구하면,

$$r = \sqrt{4^2 + 3^2} = 5\text{m}$$

각속도와 각가속도가 일정하므로,

$$\begin{aligned} v_r &= 0 \\ v_\theta &= r\omega = 5 \times 2 = 10\,\text{m/sec} \\ a_r &= -r\omega^2 = -5 \times 2^2 = -20\,\text{m/sec}^2 \\ a_\theta &= r\alpha = 5 \times 1 = 5\,\text{m/sec}^2 \end{aligned}$$

2. 먼저 주어진 분당 회전수를 이용하여 각속도를 구하면,

$$\omega = \frac{2\pi N}{60} = \frac{2\pi \times 1600}{60} = 168 rad/\text{sec}$$

문제에서 주어진 반지름과 위에서 구한 각속도를 이용하여 계산하면,

$$v_\theta = r\omega = 0.2 \times 168 = 33.6\,\text{m/sec}$$

3. 각가속도가 주어져 있으므로 이를 적분하면 각속도를 구할 수 있으므로,

$$\omega = 2t^2 + \omega_0 = 2t^2$$

위에서 막대기가 처음에 정지해 있었으므로 초기 각속도는 0이라는 조건을 적용하였다. 각속도는 분당 회전수를 이용하여 계산할 수 있기 때문에 이를 먼저 계산하면,

$$\omega = \frac{2\pi N}{60} = \frac{2\pi \times 300}{60} = 31.4 rad/\sec$$

위에서 구한 각속도를 이용하여 시간을 구하면,

$$\omega = 2t^2 \rightarrow t = \sqrt{\frac{\omega}{2}} = \sqrt{\frac{31.4}{2}} = 3.96\sec$$

회전 운동방정식을 적용하기 위해 필요한 회전 관성모멘트를 계산하면,

$$I_A = I_G + md^2 = \frac{1}{12}ml^2 + m \times (\frac{l}{2})^2 = \frac{1}{3}ml^2 = \frac{1}{3} \times 10 \times 0.1^2 = 0.0333\text{kg} \cdot \text{m}^2/\text{rad}$$

위에서 구한 회전 관성모멘트를 이용하여 회전 운동방정식을 쓰면,

$$T = I_A \alpha \rightarrow T = \frac{1}{3}ml^2 \times 4t = 0.133t$$

여기서 토크 T는 힘과 회전 반경의 곱이므로,

$$T = F \times 0.1 = 0.133 \times 3.96 \rightarrow F - 5.27\text{N}$$

그리고 각가속도를 구하면,

$$\alpha = 4t = 4 \times 3.96 = 15.8 rad/\sec^2$$

4. 각가속도가 주어져 있으므로 이를 적분하면 각속도를 구할 수 있으므로,

$$\omega = t^2 + \omega_0 = t^2$$

위에서 원판이 처음에 정지해 있었으므로 초기 각속도는 0이라는 조건을 적용하였다. 각속도는 분당 회전수를 이용하여 계산할 수 있기 때문에 이를 먼저 계산하면,

$$\omega = \frac{2\pi N}{60} = \frac{2\pi \times 200}{60} = 20.9 rad/\mathrm{sec}$$

위에서 구한 각속도를 이용하여 시간을 구하면,

$$\omega = t^2 \rightarrow t = \sqrt{\omega} = \sqrt{20.9} = 4.57\mathrm{sec}$$

회전 운동방정식을 적용하기 위해 필요한 회전 관성모멘트를 계산하면,

$$I_G = \frac{1}{2} mR^2 = \frac{1}{2} \times 2 \times 0.1^2 = 0.01\,\mathrm{kg} \cdot \mathrm{m}^2/\mathrm{rad}$$

위에서 구한 회전 관성모멘트를 이용하여 회전 운동방정식을 쓰면,

$$T = I_G \alpha \rightarrow T = \frac{1}{2} mR^2 \times 2t = 0.02t$$

여기서 토크 T는 힘과 회전 반경의 곱이므로,

$$T = F \times 0.1 = 0.02 \times 4.57 \rightarrow F = 0.914\,\mathrm{N}$$

그리고 각가속도를 구하면,

$$\alpha = 2t = 2 \times 4.57 = 9.14 rad/\mathrm{sec}^2$$

12장

원운동의 동역학

12.1 회전에서의 일과 운동에너지

12.1.1 회전운동에서의 일

직선운동에서의 일의 개념이 일반적인 일의 개념과 달리 힘과 움직인 거리를 곱한 역학적 개념이었던 것처럼 회전운동에서도 일의 개념은 토크와 회전 각도의 곱으로 표현할 수 있다. 이와 같은 회전운동에서의 일의 개념은 직선운동으로부터 회전운동으로 변환하는 수식 유도과정을 통해 살펴보면 회전운동의 일에 대한 개념을 좀 더 잘 이해할 수 있을 것이다.

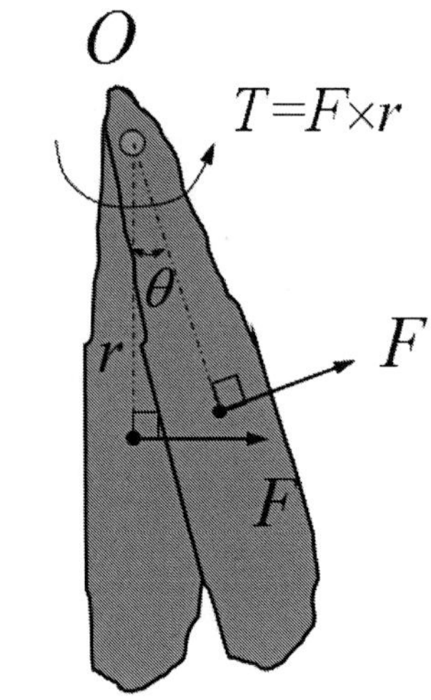

위의 그림에서 보는 것처럼 무게중심 위치에 힘을 가하면 회전중심점 O를 중심으로 회전운동을 하게 된다. 직선운동에서의 일의 계산식을 이용하여 회전에서의 일을 계산하는 식으로 유도하면 다음과 같다.

$$W = F \times s = F \times r\theta = T \times \theta \qquad \text{(식 12-1)}$$

위의 유도과정에서 적용한 회전운동에서 움직인 거리 s는 회전 반경과 회전 각도의 곱으로 표현할 수 있다. 이는 속도 및 가속도의 경우도 모두 동일하게 적용되므로 이를 아래 표와 같이 한 번에 정리하여 사용하면 편리하다. 여기서 직선운동의 일과 원운동의 일에 관한 계산식을 비교해보면, 원운동의 경우 원운동을 일으키는 토크와 토크에 의해 회전하는 회전 각도를 곱하는 것이므로 직선운동과 마찬가지로 힘과 변위의 곱으로 표현된다는 것이다. 그러므로 직선운동의 일과 원운동의 일은 원리적으로 동일한 개념이라고 이해할 수 있다.

표 12-1 직선운동과 원운동 사이의 관계식

직선운동	원운동	원주 방향
변위: s	각변위: θ	원주 변위: rθ
속도: v	각속도: ω	원주 속도: rω
가속도: a	각가속도: α	원주 가속도: rα

12.1.2 회전운동에서의 운동에너지

회전운동에서의 운동에너지도 직선운동으로부터 회전운동으로 변환하는 수식 유도과정을 통해 살펴보면 회전운동의 운동에너지에 대한 개념을 좀 더 잘 이해할 수 있을 것이다.

$$E_{운동} = \frac{1}{2}mv^2 = \frac{1}{2}m(rw)^2 = \frac{1}{2}(mr^2)\omega^2 = \frac{1}{2}I\omega^2 \quad (식\ 12\text{-}2)$$

여기에서 회전 관성모멘트 I는 회전중심에서의 회전 관성모멘트라는 것을 유념해야 한다. 여기서 직선운동의 운동에너지와 원운동의 운동에너지에 관한 계산식을 비교해보면, 원운동의 경우 원운동을 하는 물체의 회전 관성모멘트와 각속도 제곱의 곱의 절반으로 계산되므로 직선운동이 질량과 속도의 제곱의 곱의 절반으로 나타나는 것과 동일한 방식으로 표현된다는 것이다. 그러므로 직선운동의 운동에너지와 원운동의 운동에너지는 원리적으로 동일한 개념이라고 이해할 수 있다.

■ 예제 1 ■

아래 그림과 같이 질량이 100g이고 굴러가는 순간 속도가 1m/sec인 동전의 운동에너지를 구하여라.

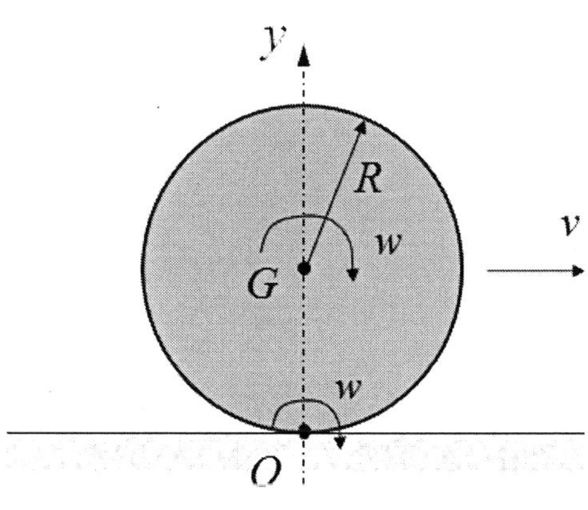

■ 풀이 ■

회전운동에서의 운동에너지는 회전중심을 기준으로 운동에너지 계산식을 적용하면 되므로,

$$E_{운동} = \frac{1}{2}I_O\omega^2 = \frac{1}{2}(I_G + md^2)\omega^2 = \frac{1}{2}(\frac{1}{2}mR^2 + mR^2)\omega^2 = \frac{3}{4}m(R\omega)^2$$
$$= \frac{3}{4}mv^2 = \frac{3}{4}\times 0.1\times 1^2 = 0.075\text{J}$$

12.2 회전에서의 동력

회전에서의 동력은 직선운동에서의 동력과 마찬가지로 회전에서 일을 하는 속도라고 이해할 수 있다. 회전운동에서 동력의 개념은 직선운동으로부터 회전운동으로 변환하는 수식 유도과정을 통해 살펴보면 회전운동의 동력에 대한 개념을 좀 더 잘 이해할 수 있을 것이다.

$$P = F\times v = F\times(r\omega) = F\times r\times\omega = T\times\omega \qquad \text{(식 12-3)}$$

위의 식에서 볼 수 있듯이 회전운동에서 동력은 회전운동에서 작용하는 힘과 각속도의 곱으로 계산할 수 있으며, 직선운동에서 힘과 속도의 곱과 동일한 형태로 표시할 수 있음을 알 수 있다.

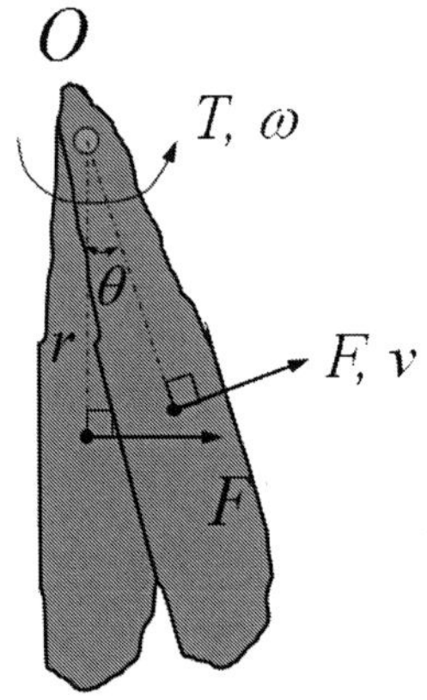

회전에서의 동력을 설명하는 그림

■ 예제 2 ■

직경 30cm의 벨트 풀리를 갖는 전동기에서 긴장측과 이완측의 장력의 차이가 100N이고 축의 회전수가 600rpm일 때, 전동기의 전달 동력을 구하여라.

■ 풀이 ■

회전에서의 동력을 계산하는 수식을 이용하면,

$$P = T\times\omega = F\times r\times\omega = F\times r\times\frac{2\pi N}{60} = 100\times 0.15\times\frac{2\pi\times 600}{60} = 942\,\mathrm{W}$$

12.3 회전에서의 운동량과 역적

지금까지 회전운동에서의 변위, 속도, 가속도, 일, 운동에너지, 동력, 운동방정식을 표현하는 계산식을 유도하고 살펴본 결과 몇 가지 일정한 규칙성이 있다는 것을 발견할 수 있다. 변위, 속도, 가속도의 경우 원운동에 해당되는 각각 물리량에 반지름 r을 곱하면 직선운동에서의 물리량으로 변한다는 점이다.

그 외에 운동방정식, 일, 운동에너지, 동력을 계산하는 수식에는 직선운동에서 사용하는 변위(s), 속도(v), 가속도(a), 힘(F), 질량(m) 대신 원운동에서 각각에 해당되는 각변위(θ), 각속도(ω), 각가속도(α), 회전력 또는 토크(T), 회전 관성모멘트(I)로 바꿔 넣으면 되는 규칙성이 있음을 알 수 있다. 회전에서의 운동량과 역적에 관한 수식도 이와 동일하게 적용하면 다음과 같이 계산식을 정리할 수 있다.

$$T \cdot \Delta t = I\omega - I\omega_0 \qquad \text{(식 12-4)}$$

위의 수식은 회전운동에서 발생한 역적과 충돌 발생 전후 운동량의 변화량이 동일하다는 것을 표현하는 것으로, 회전운동에서 매우 짧은 시간 발생하는 충돌 현상을 분석하기에 유용하다.

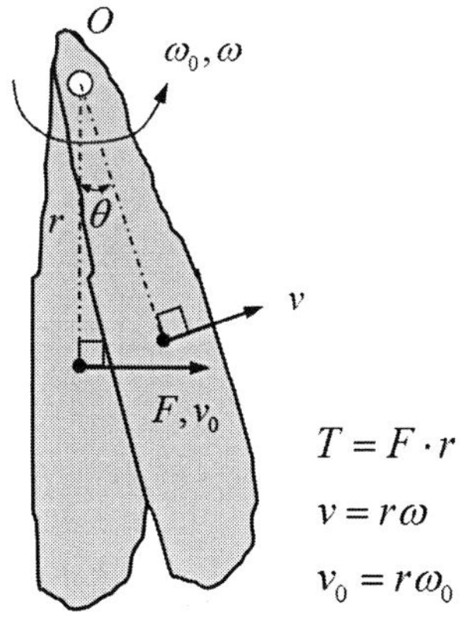

회전에서 충돌 현상을 설명하는 그림

■ 예제 3 ■

수평면을 굴러가던 100g의 구슬이 굴러가던 경로 위에 놓여 있던 매우 가는 철사의 방해를 받아 0.5초 동안 충돌한 후, 충돌 전 속도에 비해 절반으로 속도가 줄어들었다. 구슬의 반경이 1cm이고 충돌 시 철사에 의해 수평방향으로 받은 저항력이 0.2N일 때, 충돌 전과 후의 속도가 얼마인지 계산하라.

■ 풀이 ■

구슬이 회전운동을 하고 짧은 시간동안 충돌이 발생하였으므로 회전에서의 역적과 운동량의 변화 계산식을 적용하면,

$$T \bullet \Delta t = I\omega - I\omega_0 \rightarrow F\times r\times \Delta t = I(\omega-\omega_0) \rightarrow F\times r\times \Delta t = (I_G + md^2)(\omega-\omega_0)$$
$$\rightarrow F\times r\times \Delta t = (\frac{2}{5}mr^2 + m\times r^2)(\omega-\omega_0) \rightarrow -0.2\times 0.01\times 0.5$$
$$= \frac{7}{5}\times 0.1\times 0.01^2\times(\omega-2\omega)$$
$$\rightarrow \omega = 71.4 rad/\mathrm{sec}$$

위의 결과를 이용하여 구슬의 선속도를 계산하면,

$$v = r\omega = 0.01\times 71.4 = 0.714\,\mathrm{m/sec}$$
$$v_0 = 2v = 1.43\,\mathrm{m/sec}$$

12.4 회전에서의 운동량 보존의 법칙

회전운동을 하는 강체에 대하여 외부에서 토크가 가해지지 않는다면 그 각운동량은 일정하다. 이것을 각운동량 보존의 법칙이라고 한다. 직선운동의 운동량은 물체의 질량과 속도의 곱으로 표현할 수 있었다. 앞서 직선운동에서 사용한 계산식을 회전운동에 대하여 변환하는 방법을 소개하였으므로 그 방법을 적용하면 각운동량은 회전 관성모멘트와 각속도의 곱으로 계산되므로 다음과 같이 회전에서의 각운동량 보존의 법칙을 표현할 수 있다.

$$I\omega = const. \qquad \text{(식 12-5)}$$

■ 예제 4 ■

아래 그림과 같이 정지한 원판 형상 강체 A에 막대 형상 강체 B가 60rpm으로 부딪힌 후 강체 A가 강체 B보다 2배의 각속도로 회전운동을 하게 되었다. 이때 강체 A와 강체 B의 각속도를 모두 구하시오.

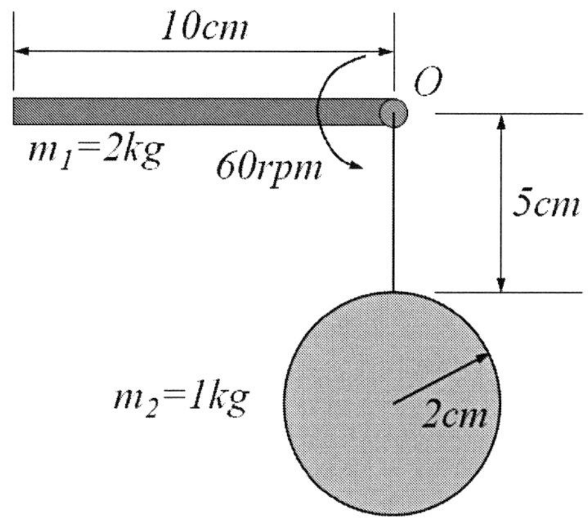

■ 풀이 ■

막대기가 O점을 중심으로 60rpm의 각속도로 회전하여 정지해 있던 원판에 부딪힌 후 막대기와 원판이 모두 회전운동을 하였으므로 충돌 전과 후에 대하여 운동량 보존의 법칙을 적용하면,

$$
\begin{aligned}
& I_1\omega = I_1\omega_1 + I_2\omega_2 \\
& \rightarrow \left(\frac{1}{12}m_1 l^2 + m_1 \times 0.05^2\right)\omega = \left(\frac{1}{12}m_1 l^2 + m_1 \times 0.05^2\right)\omega_1 + \left(\frac{1}{2}m_2 R^2 + m_2 \times 0.07^2\right)\omega_2 \\
& \rightarrow \left(\frac{1}{12}\times 2\times 0.1^2 + 2\times 0.05^2\right)\times \frac{2\pi\times 60}{60} \\
& = \left(\frac{1}{12}\times 2\times 0.1^2 + 2\times 0.05^2\right)\omega_1 + \left(\frac{1}{2}\times 1\times 0.02^2 + 1\times 0.07^2\right)\times 2\omega_1 \\
& \rightarrow \omega_1 = 2.48 rad/\sec
\end{aligned}
$$

위의 결과를 이용하여 원판의 각속도를 구하면,

$$\omega_2 = 2\omega_1 = 4.96 rad/\sec$$

연습문제

1. 아래 그림과 같이 회전축을 중심으로 길이 100cm, 질량 1kg인 막대의 끝에 반경 10cm, 질량 20kg인 구가 2개 연결되어 있다. 이 장치가 회전축 둘레로 200rpm으로 회전할 때 운동에너지를 구하라.

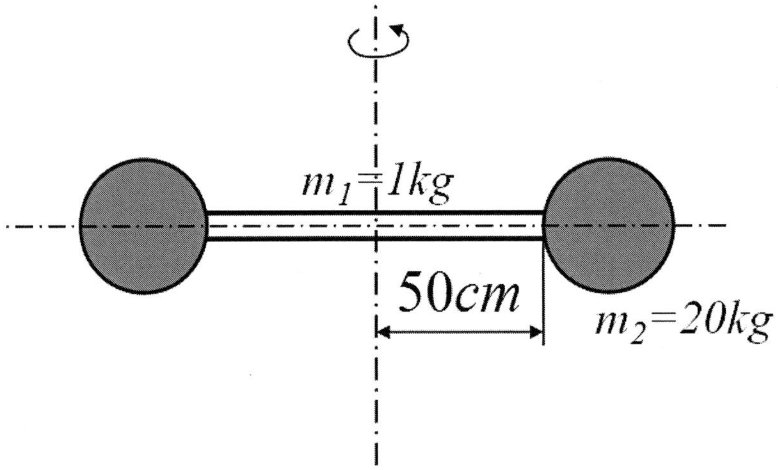

2. 아래 그림과 같이 나무로 만든 반경 1m인 원판(1kg)을 못에 걸어놓고 원판의 중심을 지나는 수평면 내에서 순간적으로 1톤의 힘을 0.2초간 가했을 때, 직후의 원판의 각속도를 구하라.

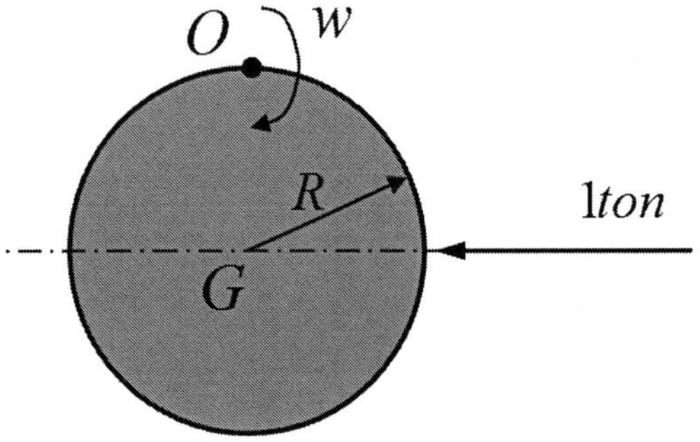

3. 아래 그림과 같이 마찰이 큰 못(점 O)에 내경 80cm, 외경 100cm, 질량이 10kg인 바퀴가 걸려있다. 지금 바퀴의 중심을 지나는 수평면 내에 있어서 순간적으로 힘 1ton을 0.1초 동안 가했다고 할 때, 충돌 직후 바퀴의 각속도를 구하라.

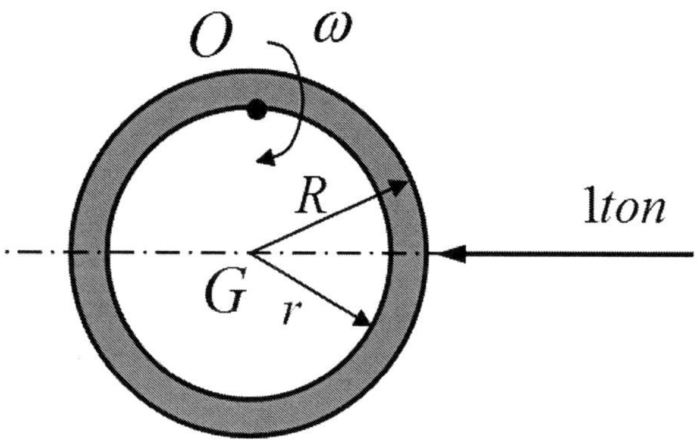

연습문제 풀이

1. 먼저 분당 회전수를 이용하여 각속도를 계산하면,

$$\omega = \frac{2\pi N}{60} = \frac{2\pi \times 200}{60} = 20.9 rad/\sec$$

회전운동에서 운동에너지를 표현하는 계산식을 이용하면,

$$E_{회전} = \frac{1}{2} I\omega^2 = \frac{1}{2} \times (I_{막대기} + 2I_{구})\omega^2 = \frac{1}{2} \times [\frac{1}{12} m_{막} l^2 + 2m_{구}(\frac{2}{5}R^2 + (\frac{l}{2} + R)^2]\omega^2$$
$$= \frac{1}{2} \times [\frac{1}{12} \times 1 \times 1^2 + 2 \times 20(\frac{2}{5} \times 0.1^2 + (\frac{1}{2} + 0.1)^2] \times 20.9^2 = 3200\,\mathrm{J}$$

2. 못의 위치를 중심으로 회전운동을 하게 되므로 O점에 대한 회전 관성모멘트를 계산하면,

$$I_O = I_G + md^2 = \frac{1}{2} mR^2 + mR^2 = \frac{3}{2} mR^2 = \frac{3}{2} \times 1 \times 1^2 = 1.5\mathrm{kg} \cdot \mathrm{m}^2/\mathrm{rad}$$

위에서 구한 회전 관성모멘트를 이용하여 회전에 관한 역적-운동량 계산식을 이용하면 각속도를 구할 수 있으므로,

$$T \times \Delta t = I_O\omega - I_O\omega_0 \rightarrow 1000 \times 9.81 \times 1 \times 0.2 = 1.5 \times \omega - 1.5 \times 0$$
$$\rightarrow 1310 rad/\sec$$

3. 못의 위치를 중심으로 회전운동을 하게 되므로 O점에 대한 회전 관성모멘트를 계산하면,

$$I_O = I_G + md^2 = \frac{1}{2} m(R^2 - r^2) + mr^2 = \frac{1}{2} m(R^2 + r^2) = \frac{1}{2} \times 10 \times (0.5^2 + 0.4^2)$$
$$= 2.05\,\mathrm{kg} \cdot \mathrm{m}^2/\mathrm{rad}$$

위에서 구한 회전 관성모멘트를 이용하여 회전에 관한 역적-운동량 계산식을 이용하면 각속도를 구할 수 있으므로,

$$T \times \Delta t = I_O \omega - I_O \omega_0 \rightarrow 1000 \times 9.81 \times 0.4 \times 0.1 = 2.05 \times \omega - 2.05 \times 0$$
$$\rightarrow 191 rad/\sec$$

〈 저자약력 〉

신 금 철

- 2003. 8 : 한국과학기술원(KAIST) 공학박사 학위 취득
- 2003. 9 ~ 2004. 9 : 미국 Northwestern University 연구원 재직
- 2004. 9 ~ 2005. 7 : 한국과학기술원 기계기술연구소 연구원 재직
- 2005. 7 ~ 2009. 2 : 현대자동차 기술연구소 선임연구원 재직
- 2009. 3 ~ : 신안산대학교 기계과 교수 재직 중

저자와의 협의에 의해 인지 생략

쉽게 배워 바로 쓰는
공업역학

1판 3쇄 2024년 3월 15일

저자 신금철
발행인 송광헌
발행처 복두출판사
주소 서울특별시 영등포구 경인로82길 3-4
센터플러스 807호 (우) 07371
전화 02-2164-2580
FAX 02-2164-2584
등록 1993. 11. 22. 제 10-902 호

정가 : 12,000원

ISBN : 979-11-5906-704-4 93550

한국과학기술출판협회 회원사